机器人学

王建锋　梁庆军　潘　峰　主编

東南大學出版社
SOUTHEAST UNIVERSITY PRESS
·南京·

内 容 提 要

本书系统阐述了机器人科学原理、技术及应用，涵盖了从机器人基础知识、运动学与动力学，到轨迹规划、控制方法，再到传感器及驱动器的内容。

本书可作为机器人工程研究生的教学用书，也可作为从事相关工作的专业人士深化理解和探索新技术的参考读物。无论是对机器人充满好奇的学习者，还是希望在这一领域深入钻研的专业人士，本书都将为您打开机器人世界的大门，揭示其背后的奥秘。

图书在版编目(CIP)数据

机器人学 / 王建锋，梁庆军，潘峰主编. -- 南京 ：东南大学出版社，2025. 8. -- ISBN 978-7-5766-1989-8

Ⅰ. TP24

中国国家版本馆 CIP 数据核字第 20252AG527 号

策划编辑：邹　垒　　责任编辑：赵莉娜　　责任校对：咸玉芳　　封面设计：毕　真　　责任印制：周荣虎

机器人学

Jiqiren Xue

主　　编：王建锋　梁庆军　潘　峰
出版发行：东南大学出版社
出 版 人：白云飞
社　　址：南京市四牌楼 2 号　　**邮编**：210096
网　　址：http://www. seupress. com
经　　销：全国各地新华书店
印　　刷：广东虎彩云印刷有限公司
开　　本：787 mm×1 092 mm　　1/16
印　　张：10
字　　数：225 千字
版 印 次：2025 年 8 月第 1 版第 1 次印刷
书　　号：ISBN 978-7-5766-1989-8
定　　价：48.00 元

本社图书若有印装质量问题，请直接与营销部联系。电话(传真)：025-83791830

前　言

机器人这个词在我们的日常生活中已经越来越常见。从简单的工业机械臂到复杂的自动驾驶汽车，再到未来可能融入我们生活的智能助手，机器人的身影无处不在。然而，机器人背后的科学原理和技术支撑却较为复杂。我们编写本书的目的，就是为大家揭开机器人学的神秘面纱，引导大家更深入地了解这个充满挑战和机遇的领域。

首先，我们从机器人基础知识入手，探讨机器人的定义、分类以及发展历程，为我们后续的学习打下坚实的基础。接着，我们进入机器人运动学和动力学的世界，了解机器人如何运动、如何受力以及如何实现精确的控制。

在掌握了机器人的运动学和动力学知识后，我们进一步探讨轨迹规划的问题。轨迹规划是机器人实现自主导航和作业的关键技术之一。通过轨迹规划，机器人可以在复杂的环境中自主规划出最优的运动路径，从而高效地完成各种任务。

机器人的控制是机器人学的核心内容之一。在控制章节中，我们介绍机器人的控制系统、控制策略以及控制算法等方面的知识。这些内容将帮助读者更好地理解机器人如何根据外部环境和内部状态进行自主决策和控制。

机器人之所以能够感知外部环境并作出相应的反应，离不开各种传感器和驱动器的支持。在机器人传感器及驱动器章节中，我们介绍了各种常见的机器人传感器和驱动器的工作原理、性能特点以及应用场景等方面的知识。这些内容将为我们提供一个全面的视角来审视机器人的感知和执行能力。

本书将带领读者从基础知识入手，逐步深入了解机器人的工作原理、控制技术以及应用前景等。无论是对机器人学感兴趣的学习者还是从事相关工作的专业人士，相信这本书都会为您带来很多启发和帮助。

由于编者水平有限，编写过程有些仓促，书中可能难免会有些错讹，敬请各位读者给予批评指正。

本书获西京学院研究生教材建设项目资助，感谢西京学院研究生处和机械工程学院领导在本书编写过程中给予的帮助与支持。

编者

2024 年 10 月于西安

目　录

第 1 章　机器人基础知识 …… 1

1.1　引言 …… 1

1.2　机器人的发展 …… 1

1.3　机器人的基本组成 …… 2

1.4　机器人的坐标系 …… 4

1.5　机器人的自由度 …… 5

1.6　工业机器人的工作空间 …… 5

1.7　机器人的主要技术指标 …… 6

1.8　工业机器人的应用 …… 8

第 2 章　机器人运动学 …… 9

2.1　机器人运动学的矩阵表示 …… 9

2.2　物体的变换及变换方程 …… 12

2.3　机器人运动 D-H 表示法 …… 15

2.4　机器人正逆运动学 …… 20

2.5　机器人微分运动 …… 27

第 3 章　机器人动力学 …… 36

3.1　动力学基本理论 …… 36

3.2　拉格朗日力学原理 …… 37

3.3　机器人动力学方程 …… 45

3.4　机器人动力学分析 …… 47

3.5　坐标系间力与力矩的变换 …… 50

第 4 章　轨迹规划 …… 52

4.1　轨迹规划的基本原理 …… 52

4.2　轨迹规划的分类 …… 54

4.3　基本轨迹规划方法 …… 55

4.4 关节空间描述与笛卡儿空间描述 …… 58
4.5 关节空间的轨迹规划 …… 60
4.6 笛卡儿空间的轨迹规划 …… 65
4.7 最优轨迹规划方法 …… 67

第 5 章 机器人控制 …… 68
5.1 控制工程基础 …… 68
5.2 机器人位置控制 …… 73
5.3 机器人的力和位置混合控制 …… 86
5.4 机器人的分解运动控制 …… 93
5.5 机器人变结构控制 …… 95
5.6 机器人自适应控制 …… 101
5.7 机器人智能控制 …… 111

第 6 章 机器人传感器及驱动器 …… 121
6.1 机器人常用传感器 …… 121
6.2 机器视觉传感器 …… 125
6.3 液压驱动器 …… 134
6.4 气动装置 …… 139
6.5 电动机 …… 140
6.6 驱动系统特点比较 …… 148
6.7 机器人驱动系统选用原则 …… 149

参考文献 …… 150

第1章　机器人基础知识

1.1 引言

机器人是一种多功能、多自由度的机电一体化系统，可以通过重复编程和自动控制，自主地完成相关任务。机器人具有可编程、位置可控、自动运行等特点，已广泛应用于制造、娱乐、医疗等领域。相较于其他机械系统，机器人具有更好的灵活性且易于扩展，容易与其他设备相互协作完成更多智能化的工作。与人工相比，机器人可以“不知疲倦”地从事一些危险、枯燥和重复性的工作，可以完美代替人工完成复杂工况下的工作。在自动化生产流程中，使用工业机器人可以大幅提升生产效率，帮助制造型企业降低人工成本，减轻工人的劳动强度。同时，工业机器人连续运行的时间远超人工持续作业时间，并且在作业过程中能够很好地控制输入/输出，避免出现作业过程不稳定、产品一致性差等缺陷。

1.2 机器人的发展

机器人的发展是一个漫长而持续的过程，随着科学技术的进步而不断演变。机器人的发展历程可以大致划分为以下几个阶段。

(1) 在最初的阶段，机器人的概念刚刚诞生。春秋时代，我国木匠祖师爷鲁班就制造出了木鸢，这被视为早期机器人的雏形。鲁班利用竹子和木料制造出的木鸢，能够在空中飞行。此外，古希腊人也发明了一种利用水、空气和蒸汽压力为动力的会动的雕塑，其能够动作，甚至可以自己开门和唱歌。这些早期的机械装置虽然功能简单，但为后来机器人的发展奠定了基础。

(2) 随着时间的推移，机器人的技术不断进步。在20世纪初，机械时代的机器人被发明出来，这些机器人主要由机械零部件组成，通过套环和齿轮实现基本的动作，如抓取和移动。它们主要用于实现简单的重复动作，如在生产线上进行组装和搬运。到了20世纪50年代，随着电子技术的发展，机器人进入电子时代。这一时期出现了第一个可编程机器人，能够根据预设的指令执行不同的任务。这些机器人使用电子传感器和计算机控制系统，能够感知周围环境并采取相应的行动，从而使机器人的功能变得更加复杂和多样化。20 世纪 80 年代，随着人工智能技术的兴起，机器人进入智能时代。智能机器人能够学习和适应环境，通过机器学习和感知技术来改进自己的行为。这使得机器人能够更好地理解和应对复杂的环境和任务，进一步拓宽了机器人的应用领域。

(3) 近年来，人形机器人成为发展的热点。这些机器人不仅在外观上更加接近人类，在功能上也更加多样化和智能化。它们能够执行更加复杂的任务，如与人类进行交互、提供服务等。同时，随着新技术的不断发展(如人工智能、5G 通信、大数据、云计算等)，机器人的智能化和网络化水平也在不断提高。这些技术的应用使得机器人能够更好地适应各种复杂环境，并与其他系统进行协同工作。

此外，机器人产业的发展也受到国家政策的大力支持。政府通过推动产学研联合攻关、补齐产业发展短板、增加高端产品供给、拓展应用深度广度等措施，进一步促进了机器人产业的快速发展。

总的来说，机器人的发展是一个不断进步的过程，随着科学技术的进步而不断演变。从最初的简单机械装置到如今的智能机器人，机器人的功能和应用领域不断扩大，为人类的生产和生活带来了极大的便利。随着新技术的不断涌现和应用，机器人将会继续发展，为人类创造更加美好的未来。

1.3 机器人的基本组成

一般来说，工业机器人由三部分、六个子系统组成，如图 1.1 所示。三部分是机械部分、传感部分和控制部分；六个子系统是驱动系统、机械系统、感知系统、控制系统、机器人-环境交互系统和人机交互系统等。

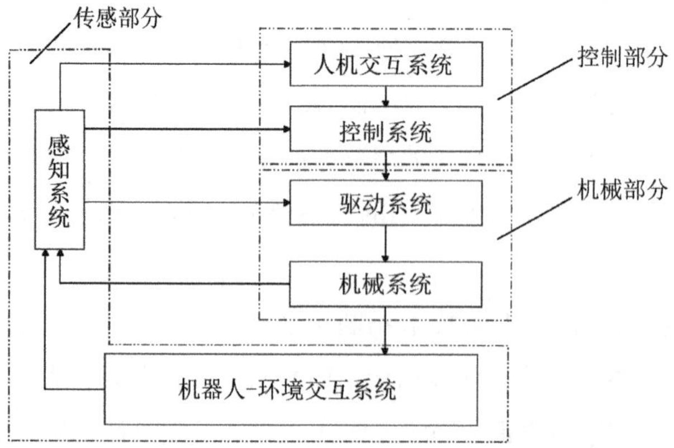

图 1.1　工业机器人的基本组成

1.3.1　驱动系统

驱动系统主要指驱动机械系统的驱动装置，包括电机和驱动器，为机器人的运动提供动力。常见的驱动方式有电动、液压和气动以及把它们结合起来应用的综合系统。驱动系统可以与机械系统直接相连，也可通过同步带、链条、齿轮、谐波传动装置等与机械系统间接相连。驱动系统的设计和性能直接影响机器人的速度、精度、稳定性和负载能力。

1.3.2　机械系统

机械系统是机器人物理结构的核心，包括机器人的骨架、关节、连杆以及末端执行器等。这些组件共同构成机器人的运动系统，使其能够在三维空间中进行精确地定位和操作。若机身具备行走机构，便构成行走机器人；若机身不具备行走及回转机构，则构成单机器人臂。单机器人的手臂一般由上臂、下臂和手腕组成。末端执行器是直接装在手腕上的一个重要部件，可以是两手指或多手指的手爪，也可以是喷枪、焊枪等作业工具。

1.3.3　感知系统

感知系统是指集成在机器人中的一系列传感器和相关硬件/软件，使机器人能够感知其工作环境和自身的状态。感知系统对于机器人执行精确任务、避免碰撞、适应环境变化以及提高操作效率至关重要。随着传感器技术、数据处理能力和人工智能的发展，工业机器人的感知系统将变得更加强大，能够执行更加复杂和多样化的任务。

1.3.4　控制系统

控制系统根据机器人的作业指令程序以及从传感器反馈回来的信号，支配机器人的执行机构完成规定的运动。它负责接收指令、处理信息、监控机器人的状态，并控制机器人的运动和操作。控制系统能确保机器人按照预定的程序高效、准确地完成任务。根据控制原理控制系统可分为程序控制系统、适应性控制系统和人工智能控制系统，而根据控制运动的形式又可分为点位控制和轨迹控制。

1.3.5　机器人-环境交互系统

机器人-环境交互系统是实现机器人与外部环境中的设备相互联系和协调的系统。这个系统使得机器人能够感知环境、理解任务需求、适应环境变化，并与环境中的其他设备和系统协同工作。该系统的真正实现对于提高工业自动化水平、生产灵活性和效率有着非常重要的意义。

1.3.6　人机交互系统

人机交互系统是使操作人员参与机器人控制并与机器人进行联系的装置。这个系统使得操作员能够有效地监控、控制机器人，同时确保操作过程的安全性和便捷性。

1.4 机器人的坐标系

机器人可以相对于不同的坐标系运动，其在每一种坐标系中的运动都不相同。通常，机器人的运动在以下三种坐标系中完成（如图 1.2 所示）。

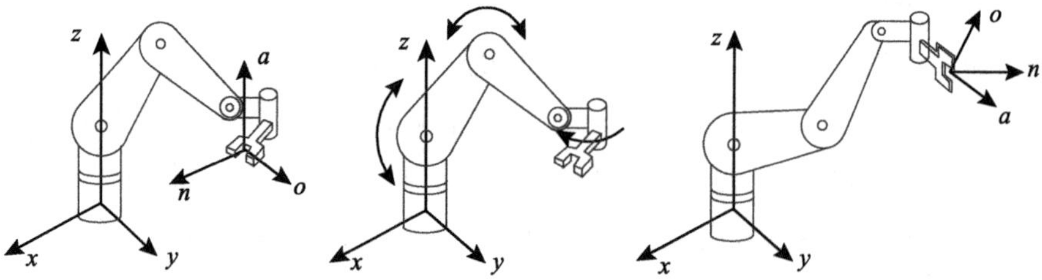

(a) 全局参考坐标系　(b) 关节参考坐标系　(c) 工具参考坐标系

图 1.2　机器人坐标系

1.4.1　全局参考坐标系

全局参考坐标系是一种通用坐标系，由 x、y 和 z 轴定义。在该坐标系下，机器人通过关节的同时运动来产生沿 3 个主轴方向的运动。在这种坐标系中，无论机器人手臂在哪里，x、y、z 轴的正向运动总是确定的。这一坐标通常用来定义机器人相对于其他物体的运动、与机器人通信的其他部件的位置以及运动路径。

1.4.2　关节参考坐标系

关节参考坐标系用来描述机器人每一个独立关节的运动。假设希望将机器人的手运动到一个特定的位置，可以每次只运动一个关节，从而把手引导到期望的位置上。在这种情况下，每一个关节单独控制，而且每次只有一个关节运动。所用关节的类型（滑动型、旋转型、球型）不同，机器人手的动作也各不相同。

1.4.3　工具参考坐标系

工具参考坐标系描述的是机器人手相对于固连在手上的坐标系的运动。固定在手上的 n、o 和 a 轴定义了手相对于本地坐标系的运动。与全局参考坐标系不同，本地的工具参考坐标系随机器人一起运动。假设机器人手的指向如图 1.2 所示，那么其相对于本地的工具参考坐标系 n 轴的正向运动意味着机器人手沿着工具参考坐标系 n 轴方向运动。如果机器人的手指向别处，那么同样沿着工具参考坐标系 n 轴的运动将完全不同。如果 n 轴指向上，那么沿 $+n$ 轴的运动便是向上的。反之，如果 n 轴指向下，那么沿 $+n$ 轴的运动便是向下的。总之，工具参考坐标系是一个活动的坐标系，当机器人运动时，坐标系也随之改变，因此随之产生的相对于运动也会不同，这取决于手臂的位置以及工具参考坐标系的姿态。机器人所有的关节必须同时运动才能产生关于工具参考坐标系的协调运动。

1.5 机器人的自由度

自由度是机器人的一个重要技术指标，是由机器人的结构决定的，并直接影响机器人的机动性。

对刚体而言，其上任何一点都与坐标轴的正交集合有关。物体能够对坐标系进行独立运动的数目称为“自由度”。一个简单刚体有 6 个自由度(3 个平移和 3 个旋转)。当两个物体间确立起某种关系时，一个物体就对另一个物体失去一些自由度。这种关系也可以用两物体间由于建立连接关系而不能进行的移动或转动来表示。

人们期望机器人能够以准确的方位把它的端部执行装置或与它连接的工具移动到给定点。如果机器人的用途预先是未知的，那么它应当具有 6 个自由度。不过，如果工具本身具有某种特别结构，那么就可能不需要 6 个自由度。例如，要把一个球放到空间某个给定位置，有 3 个自由度就足够了[如图 1.3(a)所示]。又如，要对某个旋转钻头进行定位与定向就需要 5 个自由度。该钻头可表示为某个绕着其主轴旋转的圆柱体[如图 1.3(b)所示]。

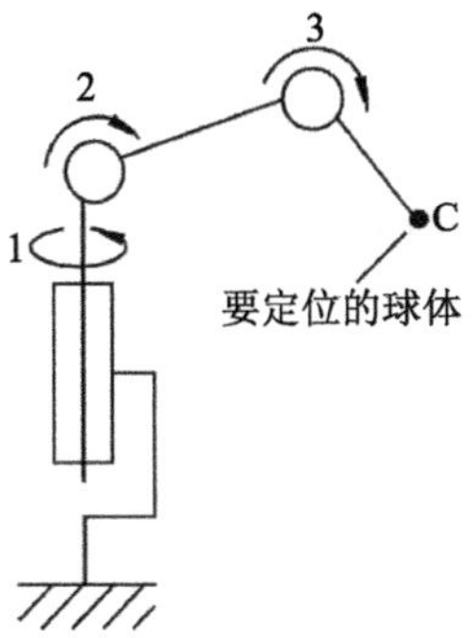

(a) 空间球体定位自由度计算简图

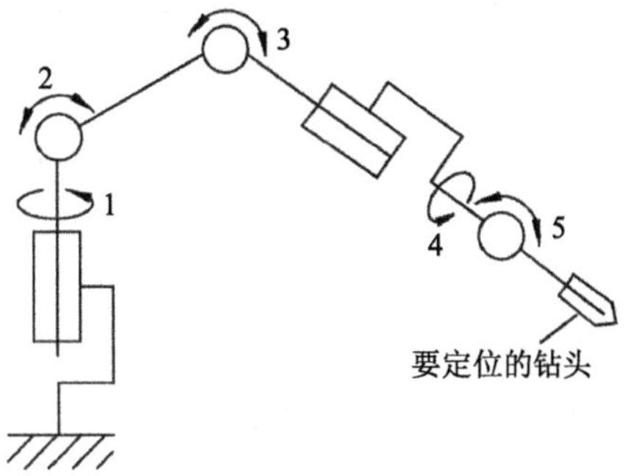

(b) 钻头定位定向自由度计算简图

图 1.3　机器人自由度

1.6 工业机器人的工作空间

工业机器人的工作空间(也称可达空间或操作空间)是指机器人在不与其他物体发生碰撞的情况下，末端执行器(如夹爪、焊枪等)能够到达的所有位置的三维区域。工作空间定义了机器人在特定配置下的操作范围和灵活性。工作空间决定了机器人的工作范围、运动精度等,直接影响机器人的应用场合。工作空间可以用数学方法通过列写方程来确定,这些方程规定了机器人连杆与关节的约束条件,这些约束条件可能是每个关节的动作范围。除此之外,工作空间还可以凭经验确定,可以使每一个关节在其运动范围内运动,然后将其可以到达的所有区域连接起来,再除去机器人无法到达的区域。图 1.4 展示了一些常见构型的大致工作空间。当机器人用作特殊用途时,必须研究其工作空间,以确保机器人能到达要求的点。

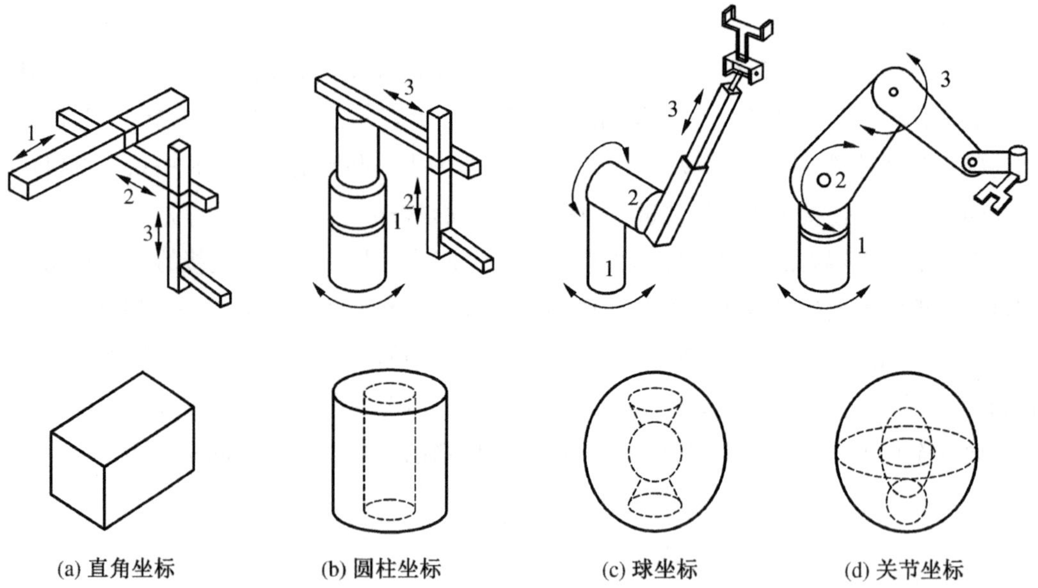

图 1.4 常见机器人构型的典型工作空间

1.7 机器人的主要技术指标

机器人的技术参数反映了机器人可胜任的工作、具有的最高操作性等情况,是选择、设计、应用机器人必须考虑的问题。

1.7.1 工作范围

工作范围是指机器人手臂末端或手腕中心所能到达的所有点的集合,也叫做工作区域。由于末端执行器的形状和尺寸是多种多样的,为真实反映机器人的特征参数,工作范围常指不安装末端执行器时的工作区域。工作范围的形状和大小十分重要,机器人在执行某作业时可能会因存在手部不能到达的作业死角而不能完成任务。

1.7.2 承载能力

承载能力是指机器人在工作范围内的任何位姿上所能承受的最大质量。承载能力不仅决定于负载的质量，且与机器人运行的速度和加速度的大小、方向有关。为安全起见，承载能力这一技术指标通常指高速运行时的承载能力。

1.7.3 最大工作速度

不同厂家对最大工作速度规定的内容不同，有的厂家定义为机器人主要自由度上最大的稳定速度，有的厂家定义为手臂末端最大的合成速度，通常在技术参数中加以说明。显而易见，工作速度越高，工作效率越高，然而工作速度越高就要花费更多的时间去升速或降速，对机器人最大加速度变化率及最大减速度变化率的要求就更高。

1.7.4 分辨率

分辨率由系统设计检测参数决定，并受到位置反馈检测单元性能的影响。在机器人学中，分辨率常常容易和精度、重复定位精度相混淆。机器人的分辨率分为编程分辨率与控制分辨率，统称为系统分辨率。编程分辨率是指程序中可以设定的最小距离单位，又称基准分辨率。控制分辨率是位置反馈回路能够检测到的最小位移量。

1.7.5 精度

机器人的精度主要取决于机械误差、控制算法误差与分辨率系统误差。机械误差主要产生于传动误差、关节间隙与连杆机构的挠性。传动误差是由轮齿误差、螺距误差等所引起的；关节间隙是由关节处的轴承间隙、谐波齿隙等引起的；连杆机构的挠性随机器人位形、负载的变化而变化。控制算法误差主要指算法能否得到直接解和算法在计算机内的运算字长所造成的比特误差。机器人分辨率系统误差是指机械人在执行任务时，由于系统内部因素导致的测量或控制的不精确性，通常分辨率系统误差取基准分辨率的一半。

1.7.6 重复精度

重复精度是指如果动作重复多次，机器人到达同样位置的精确程度。重复精度比精度更为重要，如果一个机器人定位不够精确，通常会显示一个固定的误差，这个误差是可以预测的，因此可以通过编程予以校正。然而，如果误差是随机的，那它就无法预测，因此也就无法消除。重复精度限定了随机误差的范围，通常可通过一定次数地重复运行机器人来测定。

1.8 工业机器人的应用

机器人的应用非常广泛，它们可以代替或协助人类完成各种工作，特别是在枯燥、危险、有毒或有害的环境中。以下是一些机器人的主要应用领域：

（1）制造业领域：在制造业领域，机器人被广泛应用于各种生产线，进行自动化操作，如装配、焊接、打磨、搬运等。它们可以显著提高生产效率，降低生产成本，并减少人为错误。

（2）医疗领域：在医疗领域，机器人的应用较广，主要体现在以下方面。

① 手术机器人：通过远程操作机械臂进行手术，提高手术的精确度和稳定性，减少出血和创伤，实现微创手术。

② 护理机器人：监测患者的生命体征，协助患者进行日常护理，减轻医护人员的负担。

③ 药物管理机器人：用于管理和分发药物。

④ 辅助诊断机器人：协助医生进行诊断。

（3）服务领域：机器人可以替代人工客服，满足大量咨询需求，提供快速且准确的信息，提升客户满意度。此外，它们还可以承担库存管理及物资搬运任务，作为迎宾接待员，以及进行配餐和分餐等工作。在餐饮行业中，自动取餐机能够替代部分人力，降低成本并提高速度；在酒店中，机器人可以节省房间换洗成本并优化清洁质量。

（4）军事和航天领域：机器人在军事领域的应用包括侦察、排爆、作战支援等。在航天领域，机器人可以用于卫星维修、太空探索等。

（5）资源勘探开发领域：机器人可以用于地下和海洋资源的勘探，以及在危险或难以到达的地方进行开采。

（6）救灾排险领域：在灾难现场，机器人可以执行搜救任务，进入危险区域进行探测和救援，减少人员伤亡。

随着技术的不断进步，机器人的应用领域还将继续扩大，将在更多领域发挥重要作用，提高生产效率及生活质量，并为人类创造更多可能。

第 2 章　机器人运动学

2.1　机器人运动学的矩阵表示

矩阵可用来表示点、向量、坐标系、平移、旋转以及变换，还可以表示坐标系中的物体和其他元件的运动。本书将用这种表示法推导机器人的运动方程。

2.1.1　空间点的表示

空间点 P（如图 2.1 所示）可以用它相对于参考坐标系的 3 个坐标来表示：

$$P = a_x \boldsymbol{i} + b_y \boldsymbol{j} + c_z \boldsymbol{k} \tag{2.1}$$

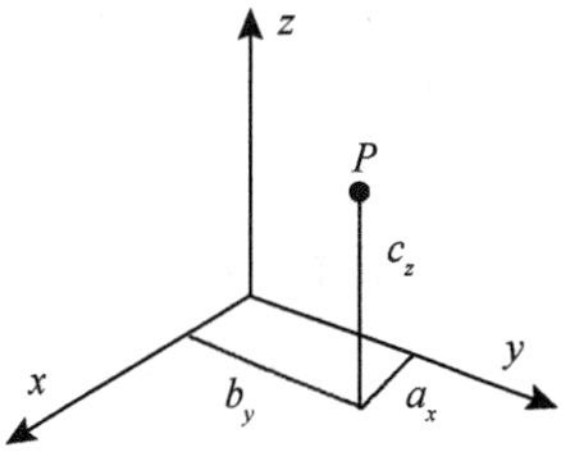

图 2.1　空间点的表示

其中，a_x、b_y、c_z 是参考坐标系中表示该点的坐标。显然，也可以用其他坐标来表示空间点的位置。

2.1.2　空间向量的表示

空间向量可以由 3 个起始和终止的坐标来表示。如果一个向量起始于点 $A(a_x, a_y, a_z)$，终止于点 $B(b_x, b_y, b_z)$，那么它可以表示为 $\boldsymbol{P}_{AB} = (b_x - a_x)\boldsymbol{i} + (b_y - a_y)\boldsymbol{j} + (b_z - a_z)\boldsymbol{k}$。特殊情况下，如果一个向量起始于原点（如图 2.2 所示），则有：

$$\boldsymbol{P} = a_x \boldsymbol{i} + b_y \boldsymbol{j} + c_z \boldsymbol{k} \tag{2.2}$$

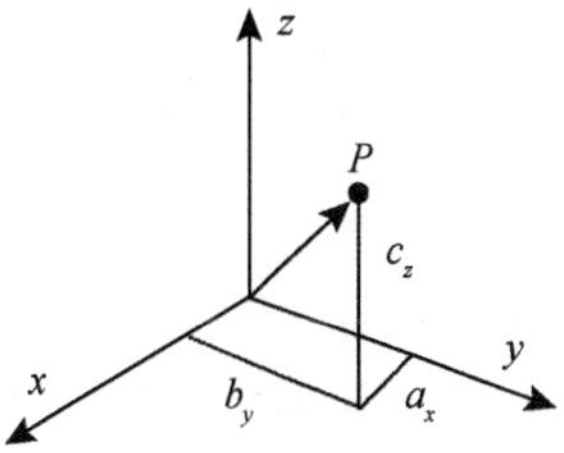

图 2.2　空间向量的表示

其中，a_x、b_y、c_z 是该向量在参考坐标系中的 3 个分量。实际上，前一节的点 P 就是用原点到该点的向量来表示的，具体地说，就是用该向量的 3 个坐标来表示。

向量的 3 个分量也可以写成矩阵的形式，如式(2.3)所示。在本书中将用这种形式来表示运动分量：

$$P=\begin{bmatrix}a_x\\b_y\\c_z\end{bmatrix} \tag{2.3}$$

这种表示法也可以稍做变化：加入一个比例因子 w，如果 x、y、z 各除以 w，则得到 a_x、b_y、c_z。于是，向量可以写为：

$$P=\begin{bmatrix}x\\y\\z\\w\end{bmatrix}\text{，其中，}a_x=\frac{x}{w},\ b_y=\frac{y}{w},\ c_z=\frac{z}{w} \tag{2.4}$$

变量 w 可以为任意数，随着它的变化，向量的大小也会发生变化，这与在计算机图形学中缩放一张图片十分类似。随着 w 值的改变，向量的大小也相应地变化。如果 $w>1$，向量的所有分量都变小；如果 $w<1$，向量的所有分量都变大；如果 $w=1$，各分量的大小保持不变。但是，如果 $w=0$，a_x、b_y、c_z 则为无穷大。在这种情况下，$\boldsymbol{P}$ 表示一个长度为无穷大的向量，它的方向即为该向量所表示的方向。这就意味着方向向量可以由比例因子 $w=0$ 的向量来表示，这里向量的长度并不重要，而其方向由该向量的 3 个分量来表示。本书中采用这种方法来表示方向向量。

2.1.3 坐标系在固定参考坐标系原点的表示

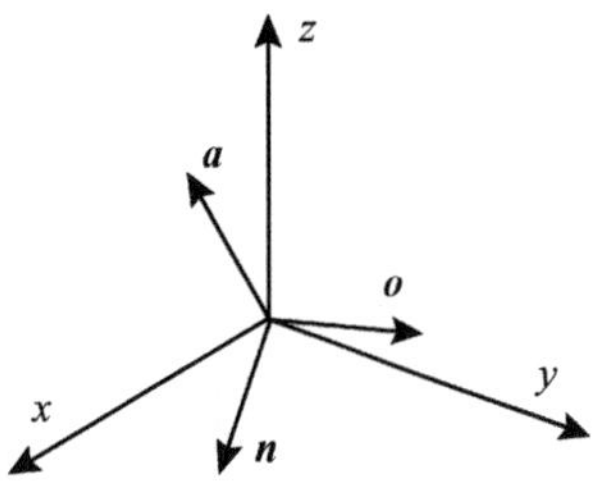

图 2.3 坐标系在固定参考坐标系原点的表示

一个中心位于参考坐标系原点的坐标系由 3 个向量表示，通常这 3 个向量相互垂直，称为单位向量，$\boldsymbol{n}$、$\boldsymbol{o}$、$\boldsymbol{a}$ 分别表示法线(normal)、指向(orientation)和接近(approach)向量(如图 2.3 所示)。如上节所述，每一个单位向量都由它们所在参考坐标系中的 3 个分量表示。这样，坐标系 $\boldsymbol{F}$ 可以由 3 个向量以矩阵的形式表示为：

$$F=\begin{bmatrix}n_x & o_x & a_x\\n_y & o_y & a_y\\n_z & o_z & a_z\end{bmatrix} \tag{2.5}$$

2.1.4 坐标系在固定参考坐标系中的表示

如果一个坐标系不在固定参考坐标系的原点，那么该坐标系的原点相对于参考坐标系的位置也能够表示出来。因此，在该坐标系原点与参考坐标系原点之间做一个向量来表示该坐标系的位置(如图 2.4 所示)。这个向量由相对于参考坐标系的 3 个分量来表示。这样,这个坐标系就可以由 3 个表示方向的单位向量以及第四个位置向量来表示。

$$\boldsymbol{F}=\begin{bmatrix} n_x & o_x & a_x & P_x \\ n_y & o_y & a_y & P_y \\ n_z & o_z & a_z & P_z \\ 0 & 0 & 0 & 1 \end{bmatrix} \tag{2.6}$$

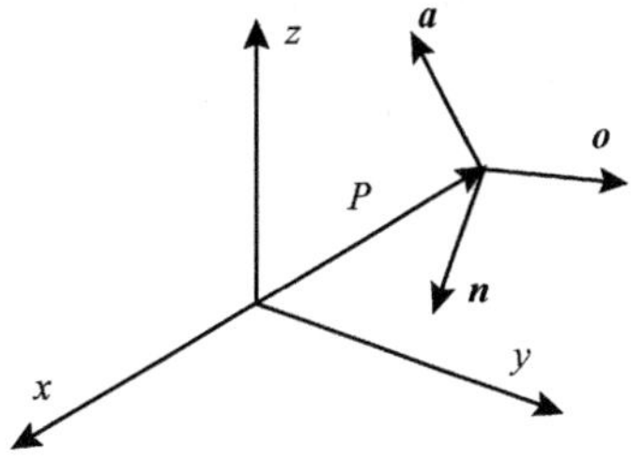

图 2.4　一个坐标系在另一个坐标系上的表示

如式(2.6)所示,前 3 个向量是 $w=0$ 的方向向量,表示该坐标系的 3 个单位向量 $\boldsymbol{n}$、$\boldsymbol{o}$、$\boldsymbol{a}$ 的方向,而第 4 个 $w=1$ 的向量表示该坐标系原点相对于参考坐标系的位置。与单位向量不同。向量 $\boldsymbol{P}$ 的长度十分重要,因而使用比例因子 1。坐标系也可以由一个没有比例因子的 3×4 矩阵表示,但不常用。

2.1.5　物体的表示

一个物体在空间的表示可以这样实现:通过在它上面固连一个坐标系,再将该固连的坐标系在空间表示出来。由于这个坐标系一直固连在该物体上,所以该物体相对于坐标系的位姿是已知的。因此,只要这个坐标系可以在空间表示出来,那么这个物体相对于固定坐标系的位姿也就已知了(如图 2.5 所示)。如前所述,空间坐标系可以用矩阵表示,其中坐标原点以及相对于参考坐标系表示该坐标系姿态的 3 个向量也可由该矩阵表示出来。

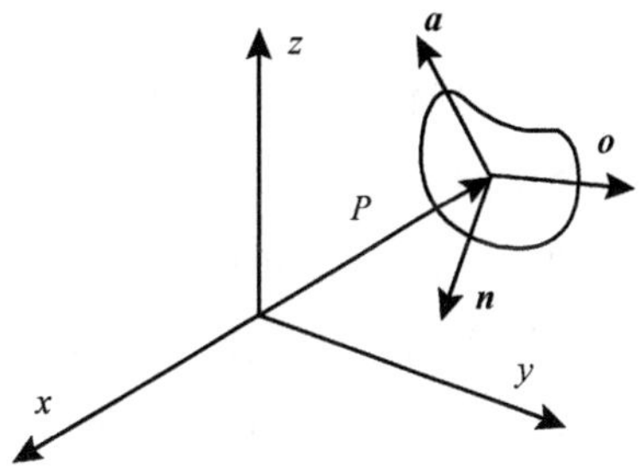

图 2.5　空间物体的表示

$$\boldsymbol{F}_{\text{object}}=\begin{bmatrix} n_x & o_x & a_x & P_x \\ n_y & o_y & a_y & P_y \\ n_z & o_z & a_z & P_z \\ 0 & 0 & 0 & 1 \end{bmatrix} \tag{2.7}$$

空间中的一个点只有 3 个自由度,只能沿三条参考坐标轴移动。但在空间的一个刚体有 6 个自由度,也就是说,它不仅可以沿着 x、y、z 轴移动,而且还可绕这 3 个轴旋转。

因此,要全面地定义空间物体,需要用 6 条独立的信息来描述,即物体原点在参考坐标系中相对于 3 个参考坐标轴的位置,以及物体关于这 3 个坐标轴的姿态。而式(2.7)给出了 12 条信息,其中 9 条为姿态信息,3 条为位置信息(排除矩阵中最后一行的比例因子,因为它们没有附加信息)。显然,在该表达式中必定存在一定的约束条件将上述信息数限制为 6。

因此，需要用 6 个约束方程将 12 条信息减少到 6 条信息。这些约束条件来自目前尚未利用的已知的坐标系特性，即：3 个向量 $\boldsymbol{n}$、$\boldsymbol{o}$、$\boldsymbol{a}$ 相互垂直；每个单位向量的长度必须为 1。

这些约束条件可转换为以下 6 个约束方程：

$$\begin{cases} \boldsymbol{n} \cdot \boldsymbol{o} = 0 \text{（}\boldsymbol{n}\text{ 和 }\boldsymbol{o}\text{ 向量的点积为零）} \\ \boldsymbol{n} \cdot \boldsymbol{a} = 0 \\ \boldsymbol{a} \cdot \boldsymbol{o} = 0 \\ |\boldsymbol{n}| = 1 \text{（向量的长度必须为 1）} \\ |\boldsymbol{o}| = 1 \\ |\boldsymbol{a}| = 1 \end{cases} \tag{2.8}$$

因此，只有前述方程成立时，坐标系的值才能用矩阵表示，否则坐标系将不正确。式(2.8)中前 3 个方程也可以换用如下 3 个向量的叉积来代替。

$$\boldsymbol{n} \times \boldsymbol{o} = \boldsymbol{a} \tag{2.9}$$

2.2 物体的变换及变换方程

可以用描述空间一点的变换方法来描述物体在空间的位置和方向。变换定义为空间的一个运动。当空间的一个坐标系（一个物体或一个运动坐标系）相对于固定的参考坐标系运动时，这一运动可以用类似于表示坐标系的方式来表示。这是因为变换本身就是坐标系状态的变化（表示坐标系位姿的变化），因此变换可以用坐标系来表示。变换可为如下几种形式中的一种：纯平移、绕一个轴的纯旋转、平移与旋转的结合，以下逐一进行探讨。

为保证所表示的矩阵为方阵，如果在同一矩阵中既表示姿态又表示位置，那么可在矩阵中加入比例因子使之成为 4×4 矩阵。如果只表示姿态，则可去掉比例因子得到 3×3 矩阵，或加入第四列全为零的位置数据以保持矩阵为方阵。这种形式的矩阵称为齐次矩阵。

2.2.1 纯平移变换的表示

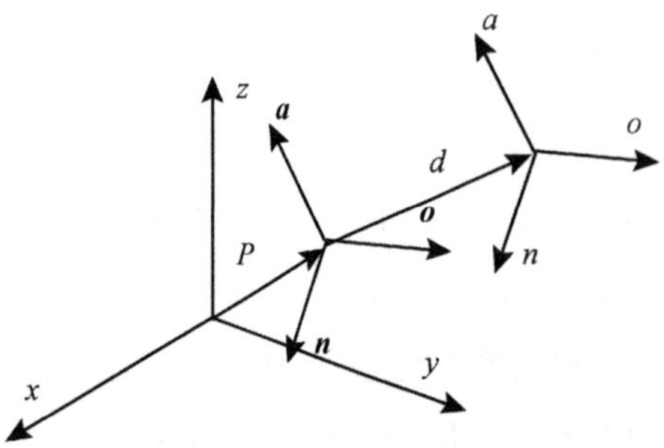

图 2.6 空间纯平移变换

如果一个坐标系（也可能表示一个物体）在空间以不变的姿态运动，那么该变换就是纯平移。在这种情况下，它的单位方向向量保持不变。所有的改变只是坐标系原点相对于参考坐标系的变化（如图 2.6 所示），相对于固定参考坐标系的新坐标系的位置可以用原来坐标系的原点位置向量加上表示位移的向量求得。若用矩阵形式，新坐标系的表示可以通过坐标系左乘变换矩阵得到。

由于在纯平移中方向向量不改变，变换矩阵 $\boldsymbol{T}$ 可以简单地表示为：

$$\boldsymbol{T}=\begin{bmatrix}1 & 0 & 0 & d_x\\ 0 & 1 & 0 & d_y\\ 0 & 0 & 1 & d_z\\ 0 & 0 & 0 & 1\end{bmatrix} \tag{2.10}$$

其中，d_x、d_y、d_z 是纯平移向量 $\boldsymbol{d}$ 相对于参考坐标系 x、y、z 轴的 3 个分量。可以看到，矩阵的前 3 列表示没有旋转运动(等同于单位阵)，而最后一列表示平移运动。新的坐标系位置为：

$$\boldsymbol{T}_{\text{new}}=\begin{bmatrix}1 & 0 & 0 & d_x\\ 0 & 1 & 0 & d_y\\ 0 & 0 & 1 & d_z\\ 0 & 0 & 0 & 1\end{bmatrix}\times\begin{bmatrix}n_x & o_x & a_x & P_x\\ n_y & o_y & a_y & P_y\\ n_z & o_z & a_z & P_z\\ 0 & 0 & 0 & 1\end{bmatrix}=\begin{bmatrix}n_x & o_x & a_x & P_x+d_x\\ n_y & o_y & a_y & P_y+d_y\\ n_z & o_z & a_z & P_z+d_z\\ 0 & 0 & 0 & 1\end{bmatrix} \tag{2.11}$$

这个方程也可用符号写为：

$$\boldsymbol{F}_{\text{new}}=\textbf{Trans}(d_x,\ d_y,\ d_z)\times\boldsymbol{F}_{\text{old}} \tag{2.12}$$

新坐标系位置可通过在坐标系矩阵前面左乘变换矩阵得到，后面将看到，无论以何种形式，这种方法对于所有的变换都成立。其次可以注意到，方向向量经过纯平移后保持不变。但是，新的坐标系位置是 $\boldsymbol{d}$ 和 $\boldsymbol{P}$ 向量相加的结果，即 $\boldsymbol{d}+\boldsymbol{P}$。最后应该注意到，齐次变换矩阵与矩阵乘法的关系使得到的新矩阵的维数和变换前相同。

2.2.2　绕轴纯旋转变换的表示

为简化绕轴旋转的推导，首先假设该坐标系位于参考坐标系的原点并且与之平行，之后将结果推广到其他的旋转以及旋转的组合。

假设坐标系 F_{noa} 位于参考坐标系 F_{xyz} 的原点，坐标系 F_{noa} 绕参考坐标系的 x 轴旋转一个角度 θ，再假设旋转坐标系 F_{noa} 上有一点 P 相对于参考坐标系的坐标为 $(P_x,\ P_y,\ P_z)$，相对于运动坐标系的坐标为 $(P_n,\ P_o,\ P_a)$。当坐标系绕 x 轴旋转时，坐标系上的点 P 也随坐标系一起旋转。在旋转前，P 点在两个坐标系中的坐标是相同的(这时两个坐标系位置相同，并且相互平行)。旋转后，该点坐标 $(P_n,\ P_o,\ P_a)$ 在旋转坐标系 F_{noa} 中保持不变，但在参考坐标系 F_{xyz} 中的 $(P_x,\ P_y,\ P_z)$ 却改变了，现在要求找到运动坐标系旋转后点 P 相对于固定参考坐标系的新坐标。本书不进行推导，只给出具体结论。

为了得到在参考坐标系中的坐标，旋转坐标系中的点 P 的坐标必须左乘旋转矩阵。可以表述为：

$$\boldsymbol{P}_{xyz}=\textbf{Rot}(x,\ \theta)\times\boldsymbol{P}_{noa} \tag{2.13}$$

如果绕参考坐标系的 x 轴做纯旋转变换，旋转矩阵为 $\textbf{Rot}(x,\ \theta)$；绕参考坐标系的 y

轴做纯旋转变换，旋转矩阵为 $\mathbf{Rot}(y, \theta)$；绕参考坐标系的 z 轴做纯旋转变换，旋转矩阵为 $\mathbf{Rot}(z, \theta)$。

以下给出绕 3 个轴的旋转矩阵的形式：

$$\mathbf{Rot}(x, \theta)=\begin{bmatrix}1 & 0 & 0 & 0\\ 0 & \cos\theta & -\sin\theta & 0\\ 0 & \sin\theta & \cos\theta & 0\\ 0 & 0 & 0 & 1\end{bmatrix} \tag{2.14}$$

$$\mathbf{Rot}(y, \theta)=\begin{bmatrix}\cos\theta & 0 & \sin\theta & 0\\ 0 & 1 & 0 & 0\\ -\sin\theta & 0 & \cos\theta & 0\\ 0 & 0 & 0 & 1\end{bmatrix} \tag{2.15}$$

$$\mathbf{Rot}(z, \theta)=\begin{bmatrix}\cos\theta & -\sin\theta & 0 & 0\\ \sin\theta & \cos\theta & 0 & 0\\ 0 & 0 & 1 & 0\\ 0 & 0 & 0 & 1\end{bmatrix} \tag{2.16}$$

2.2.3 复合变换的表示

复合变换是由固定参考坐标系或当前运动坐标系的一系列沿轴平移和绕轴旋转变换所组成的。任何变换都可以分解为按一定顺序的一组平移和旋转变换。例如，为了完成所要求的变换，可以先绕 x 轴旋转，再沿 x、y、z 轴平移，最后绕 y 轴旋转。这个变换顺序很重要，如果颠倒两个依次变换的顺序，结果将会完全不同。

假定坐标系 F_{noa} 相对于参考坐标系 F_{xyz} 依次进行如下 3 个变换：

(1) 绕 z 轴旋转 θ；

(2) 平移分别沿 x、y、z 轴平移 $[l_1, l_2, l_3]$；

(3) 绕 y 轴旋转 β。

点 P_{noa} 固连在旋转坐标系，开始时旋转坐标系的原点与参考坐标系的原点重合，当坐标系 F_{noa} 相对于参考坐标系 F_{xyz} 旋转或者平移时，参考坐标系中的点 P_{xyz} 也跟着改变。则 P_{xyz} 点相对于参考坐标系的坐标可用下列方程进行计算：

$$\boldsymbol{P}_{xyz}=\mathbf{Rot}(y, \beta)\times\mathbf{Trans}(l_1, l_2, l_3)\times\mathbf{Rot}(z, \theta)\times\boldsymbol{P}_{noa} \tag{2.17}$$

需要说明的是：每次变换后该点相对于参考坐标系的坐标都是通过用每个变换矩阵**左乘**该点的坐标得到的。矩阵的顺序不能改变，同时还应注意，对于相对于参考坐标系的每次变换，矩阵都是左乘的。

2.2.4 相对于旋转坐标系的变换

以上所有变换都是相对于固定参考坐标系，即所有平移、旋转和距离都是相对参考坐标系轴来测量的。事实上，也有可能相对于运动坐标系或当前坐标系进行变换。

假定相对于运动坐标系（也就是当前坐标系）F_{noa} 依次进行如下 3 个变换：

(1) 绕 a 轴旋转 θ；

(2) 平移分别沿 $\boldsymbol{n}$、$\boldsymbol{o}$、$\boldsymbol{a}$ 轴平移 $[l_1, l_2, l_3]$；

(3) 绕 o 轴旋转 β。

则 P_{xyz} 点相对于参考坐标系的坐标可用下列方程进行计算。

$$\boldsymbol{P}_{xyz} = \mathbf{Rot}(a, \theta) \times \mathbf{Trans}(l_1, l_2, l_3) \times \mathbf{Rot}(o, \beta) \times \boldsymbol{P}_{noa} \tag{2.18}$$

需要说明的是，为计算当前坐标系中点的坐标相对于参考坐标系的变化，需要**右乘**变换矩阵而不是左乘。由于运动坐标系中的点或物体的位置总是相对于运动坐标系测量的，所以总是右乘描述该点或物体的位置矩阵。

2.2.5 运动变换总结

由上述内容可知，可以以参考坐标系为基础进行平移、旋转，也可以以旋转坐标系为基础进行平移、旋转。当然也可以交叉进行（会使分析变得简单）。通过以上分析得到如下结论：

(1) 变换、平移矩阵的形式是相同的；

(2) 相对参考坐标系变换矩阵左乘，相对旋转坐标系变换矩阵右乘。

假定坐标系 B 先绕参考坐标系 y 轴旋转 θ，然后沿当前坐标系的 a 轴平移 d_1 个单位，然后沿当前坐标系 n 轴旋转 α，最后沿参考坐标系 x 轴平移 d_2 个单位。则描述该运动的方程为：

$$\boldsymbol{T}_B = \mathbf{Trans}(d_2, 0, 0) \times \mathbf{Rot}(y, \theta) \times \mathbf{Trans}(0, 0, d_1) \times \mathbf{Rot}(n, \alpha) \tag{2.19}$$

假设坐标系 B 中的点为 ${}^{B}P$，则该点相对于参考坐标系的位置为：

$${}^{\mathrm{U}}\boldsymbol{P} = \boldsymbol{T}_B \times {}^{B}\boldsymbol{P} \tag{2.20}$$

2.3 机器人运动 D-H 表示法

对机器人进行表示和建模通常采用 D-H 方法。D-H 模型表示了机器人连杆和关节进行建模的一种非常简单的方法，可用于任何机器人，不管机器人的结构顺序和复杂程度如何。它也可用于表示已经讨论过的在任何坐标中的变换，例如直角坐标、圆柱坐标、球坐标、欧拉角坐标及 RPY 坐标等。另外，它也可以用于表示全旋转的链式机器人，SCARA 机器人或任何可能的关节和连杆组合。尽管机器人建模方法有多种，但是 D-H 表示法有其突出的优点，使用它已经开发了许多技术。例如，雅可比矩阵的计算和力分析等。以下主要说明 D-H 建模方法的具体过程。

假设机器人由一系列关节和连杆组成，这些关节可能是滑动（线性）的或旋转（转动）的，它们可以按任意的顺序放置并处于任意的平面。连杆也可以是任意的长度（包括 0），它可能被扭曲或弯曲，也可能位于任意平面上。所以，任何一组关节和连杆都可以构成一个我们想要建模和表示的机器人。

为此，需要给每个关节指定一个参考坐标系，然后确定从一个关节到下一个关节（一个坐标系到下一个坐标系）进行变换的步骤。如果将从基座到第一关节，再从第一关节到第二关节直至到最后一个关节的所有变换结合起来，就得到了机器人的总变换矩阵。

假设一个机器人由任意多的连杆和关节以任意形式构成。图 2.7 表示了 3 个顺序的关节和两个连杆。

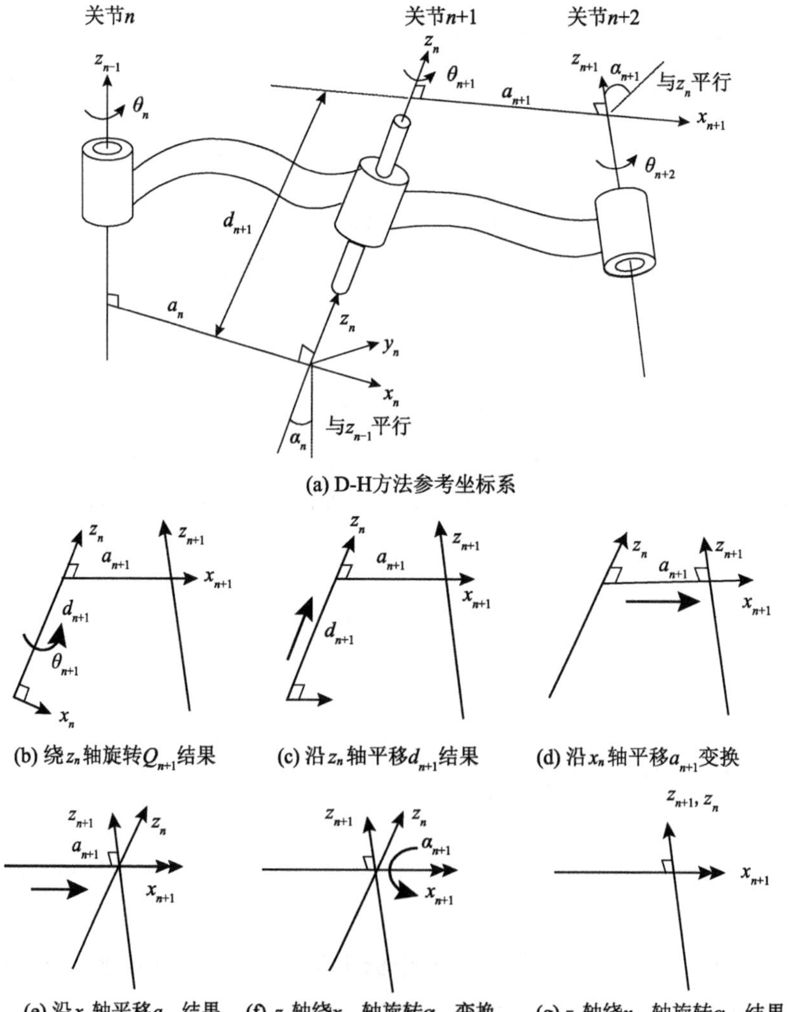

(a) D-H方法参考坐标系

(b) 绕 z_n 轴旋转 Q_{n+1} 结果　(c) 沿 z_n 轴平移 d_{n+1} 结果　(d) 沿 x_n 轴平移 a_{n+1} 变换

(e) 沿 x_n 轴平移 a_{n+1} 结果　(f) z_n 轴绕 x_{n+1} 轴旋转 α_{n+1} 变换　(g) z_n 轴绕 x_{n+1} 轴旋转 α_{n+1} 结果

图 2.7　通用关节-连杆组合的 D-H 表示

虽然这些关节和连杆并不一定与任何实际机器人的关节或连杆相似，但是它们非常常见，且能很容易地表示实际机器人的任何关节。这些关节可能是旋转的、滑动的，或者两者都有。尽管实际情况下，机器人的关节通常只有一个自由度，但图 2.7 中的关节可以表示一个或两个自由度。图 2.7(a)中的 3 个关节都是可以转动或平移的。如果将第 1 个关节指定为关节 n，第 2 个关节为关节 $n+1$，第 3 个关节为关节 $n+2$。在这些关节的前后可能还有其他关节。连杆也是如此表示，连杆 n 位于关节 n 与关节 $n+1$ 之间，连杆 $n+1$ 位于关节 $n+1$ 与关节 $n+2$ 之间。

为了用 D-H 表示法对机器人建模，所要做的第一件事是为每个关节指定一个本地的参考坐标系。因此，对于每个关节，都必须指定一个 z 轴和 x 轴，通常并不需要指定 y 轴。因为 y 轴总是垂直于 x 轴和 z 轴。此外，D-H 表示法根本就不用 y 轴。以下是给每个关节指定本地参考坐标系的步骤：

所有关节，无一例外地用 z 轴表示。如果关节是旋转的，z 轴位于按右手规则旋转的方向，如果关节是滑动的，z 轴为沿直线运动的方向。在每种情况下，关节 n 处的 z 轴(以及该关节的本地参考坐标系)的下标为 $n-1$。例如，表示关节数 $n+1$ 的 z 轴是 z_n。这些简单规则可使我们很快地定义出所有关节的 z 轴。对于旋转关节，绕 z 轴的旋转角 θ 是关节变量。对于滑动关节，沿 z 轴的连杆长度 d 是关节变量。

如图 2.7(a)所示，通常关节不一定平行或相交。因此，通常 z 轴是斜线，但总有一条距离最短的公垂线正交于任意两条斜线。通常在公垂线方向上定义本地参考坐标系的 x 轴。所以如果 a_n 表示 z_n 与 z_{n-1} 之间的公垂线，则 x_n 的方向将沿 a_n 的方向。同样，在 z_n 与 z_{n+1} 之间的公垂线为 a_{n+1}，则 x_{n+1} 的方向将沿 a_{n+1}。注意相邻关节之间的公垂线不一定相交或共线。因此，两个相邻坐标系原点的位置也可能不在同一个位置。根据上面介绍的知识并考虑下面的特殊情况，可以为所有的关节定义坐标系。

如果两个关节的 z 轴平行，那么它们之间就有无数条公垂线。这时可挑选与前一关节的公垂线共线的一条公垂线，这样做就可以简化模型。

如果两个相邻关节的 z 轴相交，那么它们之间就没有公垂线(或者说公垂线距离为 0)。这时，可将垂直于两条轴线所构成平面的直线定义为 x 轴，也就是说，其公垂线是垂直于包含了两条 z 轴所构成平面的直线，也相当于选取两条 z 轴的叉积方向作为 x 轴，这也会使模型得以简化。

在图 2.7(a)中，θ 表示绕 z 轴的旋转角，d 表示在 z 轴上两条相邻的公垂线之间的距离，a 表示每一条公垂线的长度(也叫关节偏移)，α 表示两个相邻的 z 轴之间的角度(也叫做关节扭转)。通常，只有 θ 和 d 是关节变量。

下一步来完成几个必要的运动，即将一个参考坐标系变换到下一个参考坐标系。假设现在位于本地坐标系 x_n-z_n，那么通过以下 4 步标准运动即可到达下一个本地坐标系 $x_{n+1}-z_{n+1}$。

(1) 绕 z_n 轴旋转 θ_{n+1}[如图 2.7(a)与(b)所示],使得 x_n 和 x_{n+1} 互相平行。因为 a_n 和 a_{n+1} 都垂直于 z_n 轴,因此绕 z_{n+1} 轴旋转 θ_{n+1} 使得 x_n 和 x_{n+1} 互相平行(并且因此也共面)。

(2) 沿 z_n 轴平移 d_{n+1} 距离,使得 x_n 和 x_{n+1} 共线[如图 2.7(c)所示]。因为 x_n 和 x_{n+1} 已经平行并且垂直于 z_n,沿着 z_n 移动则可使它们相互重叠在一起。

(3) 沿 x_n 轴平移 a_{n+1} 的距离,使得 x_n 和 x_{n+1} 的原点重合[如图 2.7(d)和(e)所示]这时两个参考坐标系的原点处在同一位置。

(4) 将 z_n 轴绕 x_{n+1} 轴旋转 α_{n+1},使得 z_n 轴与 z_{n+1} 轴对准[如图 2.7(f)所示]。这时坐标系 n 和 $n+1$ 完全相同[如图 2.7(g)所示]。至此,我们成功地从一个坐标系变换到了下一个坐标系。

在 $n+1$ 和 $n+2$ 坐标系间,严格地按照同样的 4 个运动顺序可以将一个坐标系变换到下一个坐标系。如有必要通过重复以上步骤,就可以实现一系列相邻坐标系之间的变换。从参考坐标系开始,我们可以将其转换到机器人的基座,然后到第一个关节、第二个关节等,直至末端执行器。需要说明的是:在任何两个坐标系之间的变换均可采用与前面相同的运动步骤。

表示 4 个运动的变换 ${}^n\boldsymbol{T}_{n+1}$ 可以通过右乘的 4 个矩阵得到,设变换矩阵为 $\boldsymbol{A}_{n+1}$。矩阵 $\boldsymbol{A}_{n+1}$ 表示 4 个依次进行的运动,由于所有的变换都是相对于当前坐标系的(即它们都是相对于前的本地坐标系来测量与执行),因此所有的矩阵都是右乘,从而得到如下结果:

$$
{}^n\boldsymbol{T}_{n+1}=\boldsymbol{A}_{n+1}=\mathbf{Rot}(z,\theta_{n+1})\times\mathbf{Trans}(0,0,d_{n+1})\times\mathbf{Trans}(a_{n+1},0,0)\times\mathbf{Rot}(x,\alpha_{n+1})
$$

$$
=\begin{bmatrix}C\theta_{n+1} & -S\theta_{n+1} & 0 & 0\\ S\theta_{n+1} & C\theta_{n+1} & 0 & 0\\ 0 & 0 & 1 & 0\\ 0 & 0 & 0 & 1\end{bmatrix}\times\begin{bmatrix}1 & 0 & 0 & 0\\ 0 & 1 & 0 & 0\\ 0 & 0 & 1 & d_{n+1}\\ 0 & 0 & 0 & 1\end{bmatrix}\times\begin{bmatrix}1 & 0 & 0 & a_{n+1}\\ 0 & 1 & 0 & 0\\ 0 & 0 & 1 & 0\\ 0 & 0 & 0 & 1\end{bmatrix}\times\begin{bmatrix}1 & 0 & 0 & 0\\ 0 & C\alpha_{n+1} & -S\alpha_{n+1} & 0\\ 0 & S\alpha_{n+1} & C\alpha_{n+1} & 0\\ 0 & 0 & 0 & 1\end{bmatrix}\tag{2.21}
$$

$$
\boldsymbol{A}_{n+1}=\begin{bmatrix}C\theta_{n+1} & -S\theta_{n+1}C\alpha_{n+1} & S\theta_{n+1}S\alpha_{n+1} & a_{n+1}C\theta_{n+1}\\ S\theta_{n+1} & C\theta_{n+1}C\alpha_{n+1} & -C\theta_{n+1}S\alpha_{n+1} & a_{n+1}S\theta_{n+1}\\ 0 & S\alpha_{n+1} & C\alpha_{n+1} & d_{n+1}\\ 0 & 0 & 0 & 1\end{bmatrix}\tag{2.22}
$$

书中,$C\theta$, $S\theta$ 分别表示 $\cos\theta$ 和 $\sin\theta$。

比如,一般机器人的关节 2 与关节 3 之间的变换可以简化为:

$$
{}^2\boldsymbol{T}_3=\boldsymbol{A}_3=\begin{bmatrix}C\theta_3 & -S\theta_3C\alpha_3 & S\theta_3S\alpha_3 & a_3C\theta_3\\ S\theta_3 & C\theta_3C\alpha_3 & -C\theta_3S\alpha_3 & a_3S\theta_3\\ 0 & S\alpha_3 & C\alpha_3 & d_3\\ 0 & 0 & 0 & 1\end{bmatrix}\tag{2.23}
$$

在机器人的基座上，可以从第 1 个关节开始变换到第 2 个关节，然后到第 3 个，以此类推，直到机器人的手和最终的末端执行器。若把每个交换定义为 $\boldsymbol{A}_{n+1}$，则可以得到许多表示变换的 **A** 矩阵。在机器人的基座与手之间的总变换则为：

$$^{R}\boldsymbol{T}_{H}={}^{R}\boldsymbol{T}_{1}{}^{1}\boldsymbol{T}_{2}{}^{2}\boldsymbol{T}_{3}\cdots{}^{n-1}\boldsymbol{T}_{n}=\boldsymbol{A}_{1}\boldsymbol{A}_{2}\boldsymbol{A}_{3}\cdots\boldsymbol{A}_{n} \tag{2.24}$$

其中，n 为关节数。对于一个具有 6 自由度的机器人，就有 6 个 **A** 矩阵。

为了简化 **A** 矩阵的计算，可以制作一张关节和连杆参数的表格，其中每个连杆和关节的参数值可从机器人的原理示意图上确定，并且可将这些参数代入 **A** 矩阵。表 2.1 可用于这个目的。

表 2.1　D-H 参数表

#	θ	d	a	α
0-1				
1-2				
2-3				
3-4				
4-5				
5-6				

已知如图 2.8 所示 4 轴机器人，机器人的结构和运行参数在图中已经标注。按照 D-H 方法可以建立机器人的模型。

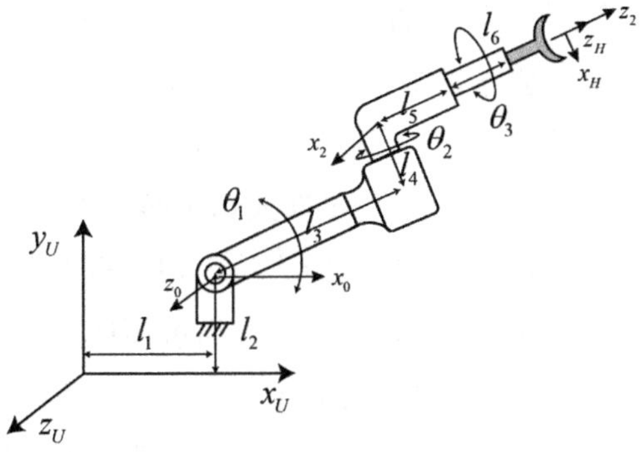

图 2.8　4 轴机器人

(1) 按照 D-H 建模方法建立机器人模型，填写参数表。

#	θ	d	a	α
0-1	θ_1	0	l_3	90°
1-2	θ_2	$-l_4$	0	90°
2-H	θ_3	l_5+l_6	0	0°

（2）写成所有的 $\boldsymbol{A}$ 矩阵。

$$\boldsymbol{A}_1=\mathbf{Rot}(z,\theta_1)\times\mathbf{Trans}(0,0,0)\times\mathbf{Trans}(l_3,0,0)\times\mathbf{Rot}(x,90) \tag{2.25}$$

$$\boldsymbol{A}_2=\mathbf{Rot}(z,\theta_2)\times\mathbf{Trans}(0,0,-l_4)\times\mathbf{Trans}(0,0,0)\times\mathbf{Rot}(x,90) \tag{2.26}$$

$$\boldsymbol{A}_3=\mathbf{Rot}(z,\theta_3)\times\mathbf{Trans}(0,0,l_5+l_6)\times\mathbf{Trans}(0,0,0)\times\mathbf{Rot}(x,0) \tag{2.27}$$

（3）根据 $\boldsymbol{A}$ 矩阵写出描述 ${}^{U}\boldsymbol{T}_H$ 的方程。

$${}^{U}\boldsymbol{T}_H={}^{U}\boldsymbol{T}_0\times{}^{0}\boldsymbol{T}_H=\begin{bmatrix}1&0&0&l_1\\0&1&0&l_2\\0&0&1&0\\0&0&0&1\end{bmatrix}\times\boldsymbol{A}_1\boldsymbol{A}_2\boldsymbol{A}_3 \tag{2.28}$$

2.4 机器人正逆运动学

假设有一个构型已知的机器人，即它的所有连杆长度和关节角度都是已知的，那么计算机器人手的位姿就称为正运动学分析，即如果已知所有机器人关节变量，用正运动学方程就能计算任一瞬间机器人的位姿。

如果想要将机器人的手放在一个期望的位姿，就必须知道机器人的每一个连杆的长度和关节的角度，才能将手定位在所期望的位姿，这叫做逆运动学分析。也就是说，不是把已知的机器人变量代入正向运动学方程中，而是要设法找到这些方程的逆，从而求得所需的关节变量，使机器人放置在期望的位姿。事实上，逆运动学方程更为重要，机器人的控制器将用这些方程来计算关节值，并以此来运行机器人到达期望的位姿。

对正运动学来说，必须推导出一组与机器人特定构型有关的方程，使得将已知的关节和连杆变量代入这些方程，计算出机器人的位姿，然后可用这些方程推导出逆运动学方程。

要确定一个刚体在空间的位姿，须在物体上固连一个坐标系，然后描述该坐标系的原点位置和它 3 个轴的姿态，总共需要 6 个自由度或 6 条信息来完整地定义该物体的位姿。同理，如果要确定或找到机器人手在空间的位姿，也必须在机器人手上固连一个坐标系并确定机器人手坐标系的位姿，这正是机器人正运动学方程所要完成的任务。换言之，根据机器人连杆和关节的构型配置，可用一组特定的方程来建立机器人手的坐标系和参考坐标系的联系。

为使过程简化，在机器人运动学分析中，可分别分析位置和姿态问题，首先推导出位置方程，然后再推导出姿态方程，再将两者结合起来而形成一组完整的方程。用 D-H 方法可对任何机器人构型建模。

2.4.1 位置的正逆运动学方程

这一部分将学习位置的正逆运动学方程。正如前面提及的，固连在刚体上的坐标系的原点位置有 3 个自由度，用 3 条信息就能够完全确定。因此，坐标系的原点位置可以用任何常用坐标来定义。比如，基于直角坐标系对空间的一个点定位，这意味着有 3 个关于 x，y，z 轴的线性运动；而采用球坐标进行定位时，可通过 1 个线性运动和 2 个旋转运动来实现。以下主要分析常见的几种坐标系：直角坐标系（笛卡儿坐标系）；圆柱坐标系；球坐标系；链式坐标系。

1. 直角坐标系

这一类型的机器人沿 x、y、z 轴线性运动，所有的驱动机构都是线性的（比如液压活塞或线性动力丝杠），机器人手的定位是通过 3 个线性关节分别沿 3 个轴的运动来完成的（如图 2.9 所示）。台架式机器人基本上就是一个直角坐标机器人，只不过是将机器人固连在一个朝下的直角坐标架上。

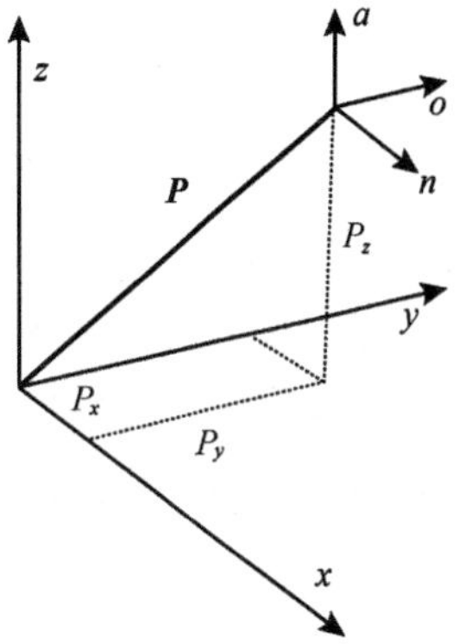

图 2.9 直角坐标系

由于没有旋转运动，表示 P 点运动的变换矩阵是一种简单的平移变换矩阵，这里只涉及坐标系原点的定位而不涉及姿态。在直角坐标系中，表示机器人手位置的正运动学变换矩阵为：

$$^{R}\boldsymbol{T}_{P}=\boldsymbol{T}_{\text{cart}}(P_x, P_y, P_z)=\begin{bmatrix}1 & 0 & 0 & P_x\\ 0 & 1 & 0 & P_y\\ 0 & 0 & 1 & P_z\\ 0 & 0 & 0 & 1\end{bmatrix} \tag{2.29}$$

其中，$^{R}\boldsymbol{T}_{P}$ 是参考坐标系与手坐标系原点 P 的变换矩阵，而 $\boldsymbol{T}_{\text{cart}}(P_x, P_y, P_z)$ 表示直角坐标变换矩阵。对于逆运动学求解，只需简单地设定期望的位置等于 P 即可。

2. 圆柱坐标系

机器人在圆柱坐标系统中的运动包括 2 个线性平移运动和 1 个旋转运动。其顺序为先沿 x 轴移动 r、再绕 z 轴旋转 α，最后沿 z 轴移动 l（如图 2.10所示）。这 3 个变换建立了手坐标系与参考坐标系之间的联系。由于这些变换都是相对于全局参考坐标系的，因此由这 3 个变换所产生的总变换可以通过依次左乘每一个矩阵而求得：

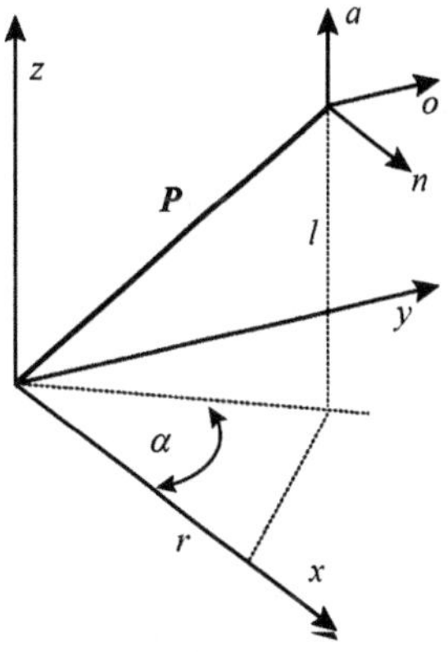

图 2.10 圆柱坐标系

$$
{}^{R}\boldsymbol{T}_{P}=\boldsymbol{T}_{\mathrm{cyl}}(r,\alpha,l)=\mathbf{Trans}(0,0,l)\mathbf{Rot}(z,\alpha)\mathbf{Trans}(r,0,0)
$$

$$
=\begin{bmatrix}1&0&0&0\\0&1&0&0\\0&0&1&l\\0&0&0&1\end{bmatrix}\begin{bmatrix}C\alpha&-S\alpha&0&0\\S\alpha&C\alpha&0&0\\0&0&1&0\\0&0&0&1\end{bmatrix}\begin{bmatrix}1&0&0&r\\0&1&0&0\\0&0&1&0\\0&0&0&1\end{bmatrix}
$$

$$
=\begin{bmatrix}C\alpha&-S\alpha&0&rC\alpha\\S\alpha&C\alpha&0&rS\alpha\\0&0&1&l\\0&0&0&1\end{bmatrix} \tag{2.30}
$$

经过一系列变换后，矩阵前 3 列表示坐标系的姿态，然而我们只对坐标系的原点位置，即最后一列感兴趣。显然，在圆柱形坐标运动中，由于绕 z 轴旋转了 α，运动坐标系的姿态也将发生改变。

实际上，可以通过绕 n、o、a 坐标系中的 a 轴转 $-\alpha$ 角度使坐标系回转到和初始参考坐标系平行的状态，等效于圆柱坐标矩阵右乘旋转矩阵 $\mathbf{Rot}(a,-\alpha)$，其结果是该坐标系的指向仍与原来相同，并再次平行于参考坐标系。

$$
\boldsymbol{T}_{\mathrm{cyl}}\times\mathbf{Rot}(a,-\alpha)=\begin{bmatrix}C\alpha&-S\alpha&0&rC\alpha\\S\alpha&C\alpha&0&rS\alpha\\0&0&1&l\\0&0&0&1\end{bmatrix}\begin{bmatrix}C(-\alpha)&-S(-\alpha)&0&0\\S(-\alpha)&C(-\alpha)&0&0\\0&0&1&0\\0&0&0&1\end{bmatrix}
$$

$$
=\begin{bmatrix}1&0&0&rC\alpha\\0&1&0&rS\alpha\\0&0&1&l\\0&0&0&1\end{bmatrix} \tag{2.31}
$$

由此可见，运动坐标系的原点位置没有改变，但它转回到了与参考坐标系平行的状态。需注意的是，最后的旋转是绕本地坐标系的 a 轴，其目的是不引起坐标系位置的任何改变，只改变姿态。

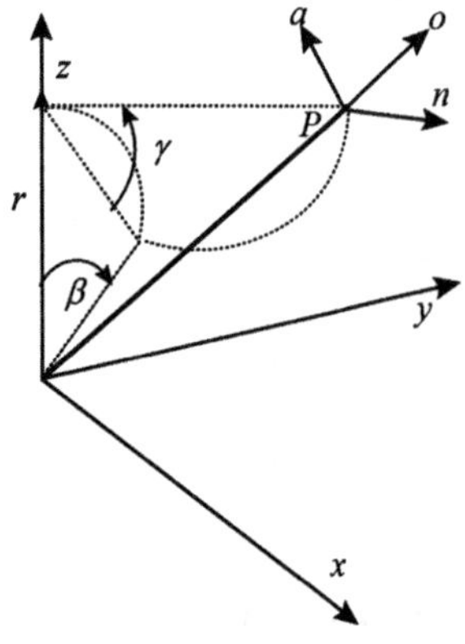

图 2.11　球坐标系

3. 球坐标系

球坐标系（如图 2.11 所示）由一个线性运动和两个旋转运动组成，运动顺序为：先沿 z 轴平移 r，再绕 y 轴旋转 β 和绕 z 轴旋转 γ。

这 3 个变换建立了坐标系与参考坐标系之间的联系。由于这些变换都是相对于全局参考坐标系的坐标轴的，因此由这 3 个变换所产生的总变换可以通过依次左乘每一个矩阵而求得：

$$
\begin{aligned}
{}^{R}\boldsymbol{T}_P &= \boldsymbol{T}_{\mathrm{sph}}(\gamma,\ \beta,\ y) = \mathbf{Rot}(z,\ \gamma)\mathbf{Rot}(y,\ \beta)\mathbf{Trans}(0,\ 0,\ r) \\
&= \begin{bmatrix} C\gamma & -S\gamma & 0 & 0 \\ S\gamma & C\gamma & 0 & 0 \\ 0 & 0 & 1 & 0 \\ 0 & 0 & 0 & 1 \end{bmatrix}
\begin{bmatrix} C\beta & 0 & S\beta & 0 \\ 0 & 1 & 0 & 0 \\ -S\beta & 0 & C\beta & 0 \\ 0 & 0 & 0 & 1 \end{bmatrix}
\begin{bmatrix} 1 & 0 & 0 & 0 \\ 0 & 1 & 0 & 0 \\ 0 & 0 & 1 & r \\ 0 & 0 & 0 & 1 \end{bmatrix} \\
&= \begin{bmatrix} C\beta\cdot C\gamma & -S\gamma & S\beta\cdot C\gamma & rS\beta\cdot C\gamma \\ C\beta\cdot S\gamma & C\gamma & S\beta\cdot S\gamma & rS\beta\cdot S\gamma \\ -S\beta & 0 & C\beta & rC\beta \\ 0 & 0 & 0 & 1 \end{bmatrix}
\end{aligned}
\tag{2.32}
$$

前 3 列表示经过一系列变换后的坐标系的姿态，而最后一列则表示了坐标系原点的位置。这里也可回转最后一个坐标系，使它与参考坐标系平行。通过找出正确的运动顺序也可以获得正确的答案。球坐标的逆运动学方程比简单的直角坐标和圆柱坐标更复杂，因为 2 个角度 β 和 γ 是耦合的。

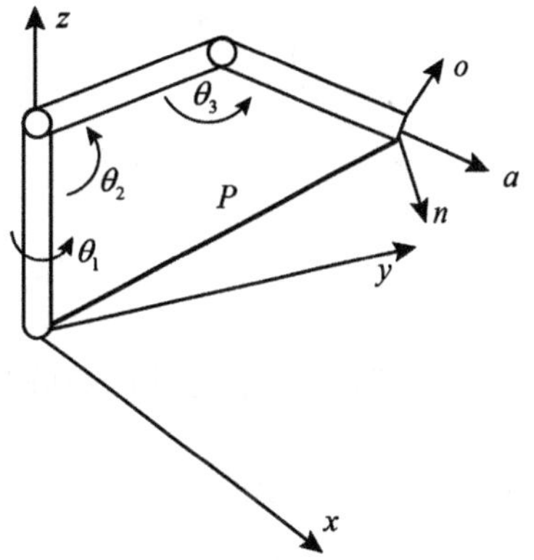

图 2.12　链式坐标系

4. 链式坐标系

链式坐标系(如图 2.12 所示)由 3 个旋转组成。通常利用 D-H 方法建立模型，从而用矩阵表示机器人位姿变化。

2.4.2　姿态的正逆运动学方程

假设固连在机器人手上的运动坐标系经运动到期望的位置上，但它仍然平行于参考坐标系，或者假设其姿态并不是所期望的，下一步是要在不改变位置的情况下，适当地旋转坐标系而使其达到所期望的姿态。合适的旋转顺序取决于机器人手腕的设计以及关节装配在一起的方式。考虑以下 3 种常见的构型配置：滚动角、俯仰角和偏航角(RPY)；欧拉角；链式关节。

1. 滚动角、俯仰角和偏航角

滚动角、俯仰角和偏航角是分别绕当前 a、o、n 轴的 3 个顺序旋转所得的角度，根据这 3 个角度，能够把机器人的手调整到所期望的姿态。假定当前的坐标系平行于参考坐标系，于是机器人手的姿态在 RPY(滚动角、俯仰角、偏航角)运动前与参考坐标系相同。如果当前运动坐标系不平行于参考坐标系，那么机器人手最终的姿态将会是先前的姿态与 RPY 右乘的结果。

因为不希望运动坐标系原点的位置有任何改变(它已被放在一个期望的位置上,所以只需要旋转它到所期望的姿态),所以 RPY 的旋转运动都是相对于当前的运动轴的。否则,如前面所看到的,运动坐标系的位置将会改变。于是,右乘所有由 RPY 和其他旋转所产生的与姿态改变有关的矩阵。

参考图 2.13,可看到 RPY 旋转包括以下 3 种:

① 绕 a 轴(运动坐标系的 z 轴)旋转叫滚动;

② 绕 o 轴(运动坐标系的 y 轴)旋转叫俯仰;

③ 绕 n 轴(运动坐标系的 x 轴)旋转叫偏航。

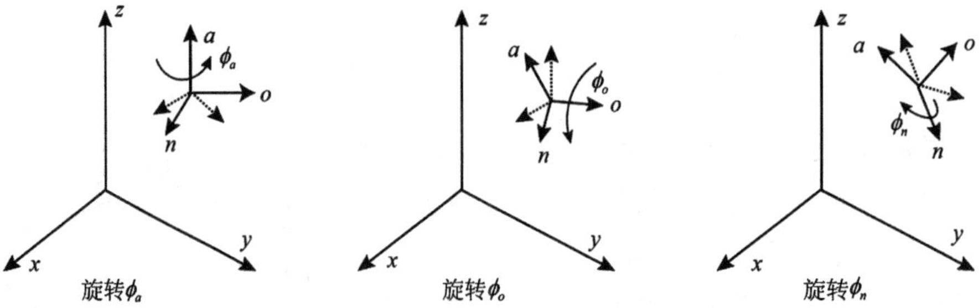

图 2.13　绕当前坐标轴的 RPY 旋转

表示 PRY 姿态变化的矩阵为:

$$\mathbf{RPY}(\phi_a, \phi_o, \phi_n) = \mathbf{Rot}(a, \phi_a) \times \mathbf{Rot}(o, \phi_o) \times \mathbf{Rot}(n, \phi_n)$$

$$= \begin{bmatrix} C\phi_a C\phi_o & C\phi_a S\phi_o S\phi_n - S\phi_a C\phi_n & C\phi_a S\phi_o C\phi_n + S\phi_a S\phi_n & 0 \\ S\phi_a C\phi_o & S\phi_a S\phi_o S\phi_n + C\phi_a C\phi_n & S\phi_a S\phi_o S\phi_n - C\phi_a C\phi_n & 0 \\ -S\phi_a & C\phi_a S\phi_n & C\phi_a C\phi_n & 0 \\ 0 & 0 & 0 & 1 \end{bmatrix} \tag{2.33}$$

这个矩阵表示了仅由 RPY 引起的姿态变化,该坐标系相对于参考坐标系的位置和最终姿态是表示位置变化和 RPY 的 2 个矩阵的乘积。例如,假设一个机器人是根据球坐标和 RPY 来设计的,那么这个机器人就可以表示为:

$${}^{R}\boldsymbol{T}_{H} = \boldsymbol{T}_{\mathrm{sph}}(r, \beta, \gamma) \times \mathbf{RPY}(\phi_a, \phi_o, \phi_n) \tag{2.34}$$

关于 RPY 的逆运动方程的解比球坐标更复杂。因为这里有 3 个耦合角,所以需要所有 3 个角各自的正弦和余弦值的信息才能解出这三个角。为解出这 3 个角的正弦值和余弦值,必须将这些角解耦。因此,用 $\mathbf{Rot}(a, \phi_a)$ 的逆左乘方程两边,可以得到:

$$\mathbf{Rot}^{-1}(a, \phi_a)\mathbf{RPY}(\phi_a, \phi_o, \phi_n) = \mathbf{Rot}(o, \phi_o) \times \mathbf{Rot}(n, \phi_n) \tag{2.35}$$

假设用 RPY 得到的最后所期望的姿态是用(n, o, a)矩阵来表示的,则有:

$$\mathbf{Rot}^{-1}(a, \phi_a)\begin{bmatrix} n_x & o_x & a_x & 0 \\ n_y & o_y & a_y & 0 \\ n_z & o_z & a_z & 0 \\ 0 & 0 & 0 & 1 \end{bmatrix} = \mathbf{Rot}(o, \phi_o) \times \mathbf{Rot}(n, \phi_n) \tag{2.36}$$

进行矩阵相乘后得：

$$\begin{bmatrix} n_x C\phi_a + n_y S\phi_a & o_x C\phi_a + o_y S\phi_a & a_x C\phi_a + a_y S\phi_a & 0 \\ n_y C\phi_a - n_x S\phi_a & o_y C\phi_a - o_x S\phi_a & a_y C\phi_a - a_x S\phi_a & 0 \\ n_z & o_z & a_z & 0 \\ 0 & 0 & 0 & 1 \end{bmatrix} = \begin{bmatrix} C\phi_o & S\phi_o S\phi_n & S\phi_o C\phi_n & 0 \\ 0 & C\phi_n & -S\phi_n & 0 \\ -S\phi_o & C\phi_o S\phi_n & C\phi_o S\phi_n & 0 \\ 0 & 0 & 0 & 1 \end{bmatrix} \tag{2.37}$$

在式(2.36)中的 n、o、a 分量表示了最终的期望值，它们通常是给定或已知的，而 RPY 的值是未知的变量。

让式(2.37)左右两边对应的元素相等，将产生如下结果：

根据矩阵(2，1)元素可知：

$$n_y C\phi_a - n_x S\phi_a = 0 \Rightarrow \begin{cases} \phi_a = \text{ATAN2}(n_y, n_x) \\ \phi_a = \text{ATAN2}(-n_y, -n_x) \end{cases} \tag{2.38}$$

因为不知道 $\sin(\phi_n)$ 或 $\cos(\phi_n)$ 的符号，2 个互补的解也是可能的，根据矩阵(3，1)元素和矩阵(1，1)元素可以得到：

$$\begin{cases} S\phi_o = -n_z \\ C\phi_o = n_x C\phi_a + n_y S\phi_a \end{cases} \Rightarrow \phi_o = \text{ATAN2}[-n_z, (n_x C\phi_a + n_y S\phi_a)] \tag{2.39}$$

再根据矩阵(2，2)元素和矩阵(2，3)元素可以得到：

$$\begin{cases} C\phi_n = o_y C\phi_a - o_x S\phi_a \\ S\phi_n = -a_y C\phi_a + a_x S\phi_a \end{cases} \Rightarrow \phi_n = \text{ATAN2}[(-a_y C\phi_a + a_x S\phi_a), (o_y C\phi_a - o_x S\phi_a)] \tag{2.40}$$

2. 欧拉角

除了最后的旋转是绕当前的 a 轴外，欧拉角的其他方面均与 RPY 相似(如图 2.13 所示)。我们仍需要使所有旋转都是绕当前的轴转动，以防止机器人的位置有任何改变，表示欧拉角的转动如下：

① 绕 a 轴(运动坐标系的 z 轴)旋转 ϕ；

② 绕 o 轴(运动坐标系的 y 轴)旋转 θ；

③ 再绕 a 轴(运动坐标系的 z 轴)旋转 ψ。

表示欧拉角姿态变化的矩阵是：

$$\mathbf{Euler}(\phi, \theta, \psi)=\mathbf{Rot}(a, \phi)\times\mathbf{Rot}(o, \theta)\times\mathbf{Rot}(a, \psi)$$
$$=\begin{bmatrix} C\phi C\theta C\psi - S\phi S\psi & -C\phi C\theta S\psi - S\phi C\psi & C\phi S\theta & 0 \\ S\phi C\theta C\psi + C\phi S\psi & -S\phi C\theta S\psi - C\phi C\psi & S\phi S\theta & 0 \\ -S\theta C\psi & S\theta S\psi & C\theta & 0 \\ 0 & 0 & 0 & 1 \end{bmatrix} \tag{2.41}$$

需要强调的是，该矩阵只是表示了由欧拉角所引起的姿态变化。相对于参考坐标系，这个坐标系的最终位姿是表示位置变化的矩阵和表示欧拉角的矩阵的乘积。

欧拉角的逆运动学求解与 RPY 非常类似。可以使欧拉方程的两边左乘 $\mathbf{Rot}^{-1}(a, \phi)$ 来消去其中一边的 ϕ。让两边的对应元素相等，就可得到以下方程[假设由欧拉角得到的最终所期想的姿态是由(n, o, a)矩阵表示：

$$\mathbf{Rot}^{-1}(a, \phi)\times\begin{bmatrix} n_x & o_x & a_x & 0 \\ n_y & o_y & a_y & 0 \\ n_z & o_z & a_z & 0 \\ 0 & 0 & 0 & 1 \end{bmatrix}=\begin{bmatrix} C\theta C\psi & -C\theta S\psi & S\theta & 0 \\ S\psi & -C\psi & 0 & 0 \\ -S\theta C\psi & S\theta S\psi & C\theta & 0 \\ 0 & 0 & 0 & 1 \end{bmatrix} \tag{2.42}$$

$$\begin{bmatrix} n_xC\phi + n_yS\phi & o_xC\phi + o_yS\phi & a_xC\phi + a_yS\phi & 0 \\ -n_xS\phi + n_yC\phi & -o_xS\phi + n_yC\phi & -a_xS\phi + a_yC\phi & 0 \\ n_z & o_z & a_z & 0 \\ 0 & 0 & 0 & 1 \end{bmatrix}$$
$$=\begin{bmatrix} C\theta C\psi & -C\theta S\psi & S\theta & 0 \\ S\psi & C\psi & 0 & 0 \\ -S\theta C\psi & S\theta S\psi & C\theta & 0 \\ 0 & 0 & 0 & 1 \end{bmatrix} \tag{2.43}$$

式(2.42)中的 n、o、a 表示了最终的期望值，它们通常是给定或已知的。欧拉角的值是未知变量。让式(2.43)左右两边对应的元素相等，可得如下结果：

根据矩阵(2，3)元素，可得：

$$-a_xS\phi + a_yC\phi = 0 \Rightarrow \begin{cases} \phi = \mathrm{ATAN2}(a_y, a_x) \\ \phi = \mathrm{ATAN2}(-a_y, -a_x) \end{cases} \tag{2.44}$$

由于求得了 ϕ 值，因此式(2.43)左边所有元素都是已知的。根据矩阵(2，1)元素和矩阵(2，2)元素可得：

$$\begin{cases} S\psi = -n_x S\phi + n_y C\phi \\ C\psi = -o_x S\phi + o_y C\phi \end{cases} \Rightarrow \psi = \mathrm{ATAN2}[(-n_x S\phi + n_y C\phi),\ (-o_x S\phi + o_y C\phi)]$$

(2.45)

最后根据矩阵(1，3)元素和矩阵(3，3)元素可得：

$$\begin{cases} S\theta = a_x C\phi + a_y S\phi \\ C\theta = a_z \end{cases} \Rightarrow \theta = \mathrm{ATAN2}(a_x C\phi + a_y S\phi,\ a_z) \tag{2.46}$$

3. 链式关节

链式关节由 3 个旋转组成，不是上面提出的旋转类型，这些旋转取决于关节的设计，可以通过 D-H 表示法推导表示链式关节的矩阵。

2.4.3　位姿的正逆运动学方程

表示机器人最终位姿的矩阵是前面方程的组合，该矩阵取决于所用的坐标。假设机器人的运动是由直角坐标和 RPY 的组合关节组成，那么该坐标系相对于参考坐标系的最终位姿是表示直角坐标位置变化的矩阵和 **RPY** 矩阵的乘积。它可表示为：

$${}^{R}\boldsymbol{T}_{H} = \boldsymbol{T}_{\mathrm{cart}}(P_x,\ P_y,\ P_z) \times \mathbf{RPY}(\phi_a,\ \phi_o,\ \phi_n) \tag{2.47}$$

如果机器人是采用球坐标定位、欧拉角定姿的方式设计的，那么将得到下列方程。其中位置由球坐标决定，而最终姿态既受球坐标角度的影响也受欧拉角的影响。

$${}^{R}\boldsymbol{T}_{H} = \boldsymbol{T}_{\mathrm{sph}}(r,\ \beta,\ \gamma) \times \mathbf{Euler}(\phi,\ \theta,\ \varphi) \tag{2.48}$$

由于有多种不同的组合，所以这种情况下的正逆运动学方程解不在这里探讨。对于复杂的设计，推荐用 D-H 表示法来求解。

2.5　机器人微分运动

机器人微分运动指机器人结构的微小运动，可以用它来推导不同部件之间的速度关系。依据定义，微分运动就是小的运动。因此，如果在一个小的时间段内测量或计算这个运动，就能得到速度关系。

2.5.1　微分关系

为了说明微分关系，先考虑如图 2.14 所示的具有两个自由度的简单机构。图中的每个

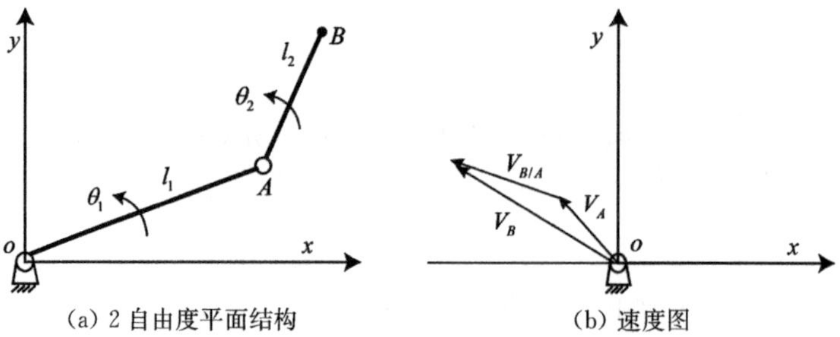

图 2.14　2 自由度平面结构及速度图

连杆都能独立旋转，θ_1 表示第一个连杆相对参考坐标系的旋转角度，θ_2 表示第二个连杆相对第一个连杆的旋转角度。对机器人也类似，每一个连杆的运动都是指该连杆相对于固连在前一个连杆上的当前坐标系的运动。

分析可知，B 点的速度按照速度矢量计算为：

$$\begin{aligned}\mathbf{V}_B &= \mathbf{V}_A + \mathbf{V}_{B/A} = l_1\dot{\theta}_1[\text{垂直于 } l_1] + l_2(\dot{\theta}_1+\dot{\theta}_2)[\text{垂直于 } l_2] \\ &= -l_1\dot{\theta}_1\sin\theta_1\boldsymbol{i} + l_1\dot{\theta}_1\cos\theta_1\boldsymbol{j} - l_2(\dot{\theta}_1+\dot{\theta}_2)\sin(\theta_1+\theta_2)\boldsymbol{i} + \\ &\quad l_2(\dot{\theta}_1+\dot{\theta}_2)\cos(\theta_1+\theta_2)\boldsymbol{j}\end{aligned} \tag{2.49}$$

将速度方程写成矩阵的形式，则为：

$$\begin{bmatrix} v_{Bx} \\ v_{By} \end{bmatrix} = \begin{bmatrix} -l_1\sin\theta_1 - l_2\sin(\theta_1+\theta_2) & -l_2\sin(\theta_1+\theta_2) \\ l_1\cos\theta_1 + l_2\cos(\theta_1+\theta_2) & l_2\cos(\theta_1+\theta_2) \end{bmatrix} \begin{bmatrix} \dot{\theta}_1 \\ \dot{\theta}_2 \end{bmatrix} \tag{2.50}$$

方程左边表示 B 点速度的 x 和 y 分量。可以看到，方程右边的矩阵乘以两个连杆的相应角速度便可得到 B 点的速度。

当然，可以通过对描述 B 点位置的方程求微分（而不采用从速度关系中直接推导的方法）可以找出相同的速度关系，具体如下：

$$\begin{cases} x_B = l_1\cos\theta_1 + l_2\cos(\theta_1+\theta_2) \\ y_B = l_1\sin\theta_1 + l_2\sin(\theta_1+\theta_2) \end{cases} \tag{2.51}$$

分别对上面方程组中的 2 个变量 θ_1 和 θ_2 求微分，可以得到：

$$\begin{cases} \mathrm{d}x_B = -l_1\sin\theta_1\mathrm{d}\theta_1 - l_2\sin(\theta_1+\theta_2)(\mathrm{d}\theta_1+\mathrm{d}\theta_2) \\ \mathrm{d}y_B = l_1\cos\theta_1\mathrm{d}\theta_1 + l_2\cos(\theta_1+\theta_2)(\mathrm{d}\theta_1+\mathrm{d}\theta_2) \end{cases} \tag{2.52}$$

写成矩阵的形式为：

$$\begin{bmatrix} \mathrm{d}x_B \\ \mathrm{d}y_B \end{bmatrix} = \begin{bmatrix} -l_1\sin\theta_1 - l_2\sin(\theta_1+\theta_2) & -l_2\sin(\theta_1+\theta_2) \\ l_1\cos\theta_1 + l_2\cos(\theta_1+\theta_2) & l_2\cos(\theta_1+\theta_2) \end{bmatrix} \begin{bmatrix} \mathrm{d}\theta_1 \\ \mathrm{d}\theta_2 \end{bmatrix} \tag{2.53}$$

B 点的微分运动　　　　　雅可比矩阵　　　　　关节的微分运动

通过以上分析可知：式(2.50)与式(2.53)无论在内容还是形式上都很相似。不同的是，式(2.50)是速度关系，而式(2.53)是微分运动关系。如果将式(2.53)两边都除以 dt，由于 $\mathrm{d}x_B/\mathrm{d}t = V_{Bx}$ 及 $\mathrm{d}\theta_1/\mathrm{d}t = \dot{\theta}_1$，因此式(2.50)与式(2.53)是完全相同的。

$$\begin{bmatrix} v_{Bx} \\ v_{By} \end{bmatrix} = \begin{bmatrix} \mathrm{d}x_B \\ \mathrm{d}y_B \end{bmatrix} \Big/ \mathrm{d}t = \begin{bmatrix} -l_1 \sin\theta_1 - l_2 \sin(\theta_1+\theta_2) & -l_2 \sin(\theta_1+\theta_2) \\ l_1 \cos\theta_1 + l_2 \cos(\theta_1+\theta_2) & l_2 \cos(\theta_1+\theta_2) \end{bmatrix} \begin{bmatrix} \dot{\theta}_1 \\ \dot{\theta}_2 \end{bmatrix} \tag{2.54}$$

同样，在多自由度的机器人中，可用同样的方法将关节的微分运动(或速度)与手的微分运动(或速度)联系起来。

2.5.2　雅可比矩阵

雅可比矩阵表示机构部件随时间变化的几何关系，可以将单个关节的微分运动或速度转换为感兴趣点的微分运动或速度，也可将单个关节的运动与整个机构的运动联系起来。机器人关节的角度值是随时间变化的，从而雅可比矩阵各元素的大小也随时间变化，因此雅可比矩阵与时间相关。

雅可比矩阵是机构在任何给定时刻的几何形状和不同部件相互关系的表示，当机构不同部件的位置关系随时间变化时，雅可比矩阵也随之改变。

假如有一组变量 x_j 的方程 Y_i：

$$Y_i = f_i(x_1,\ x_2,\ x_3,\ \cdots,\ x_j) \tag{2.55}$$

由 x_j 的微分变化所引起的 Y_i 的微分变化为：

$$\begin{cases} \delta Y_1 = \dfrac{\partial f_1}{\partial x_1}\delta x_1 + \dfrac{\partial f_1}{\partial x_2}\delta x_2 + \cdots + \dfrac{\partial f_1}{\partial x_j}\delta x_j \\ \delta Y_2 = \dfrac{\partial f_2}{\partial x_1}\delta x_1 + \dfrac{\partial f_2}{\partial x_2}\delta x_2 + \cdots + \dfrac{\partial f_2}{\partial x_j}\delta x_j \\ \vdots \\ \delta Y_i = \dfrac{\partial f_i}{\partial x_1}\delta x_1 + \dfrac{\partial f_i}{\partial x_2}\delta x_2 + \cdots + \dfrac{\partial f_i}{\partial x_j}\delta x_j \end{cases} \tag{2.56}$$

式(2.56)可以写成矩阵形式，用于表示各单个变量和函数间的微分关系。包含这一关系的矩阵便是雅可比矩阵，如式(2.57)所示。因此，可以通过在每一个方程中对所有的变量求导来计算雅可比矩阵，也可以用同样的原理来计算机器人的雅可比矩阵。

$$\begin{bmatrix} \delta Y_1 \\ \delta Y_2 \\ \cdots \\ \delta Y_i \end{bmatrix} = \begin{bmatrix} \dfrac{\partial f_1}{\partial x_1} & \cdots & \dfrac{\partial f_1}{\partial x_j} \\ \dfrac{\partial f_2}{\partial x_1} & \cdots & \dfrac{\partial f_2}{\partial x_j} \\ \cdots & & \cdots \\ \dfrac{\partial f_i}{\partial x_1} & \cdots & \dfrac{\partial f_i}{\partial x_j} \end{bmatrix} \begin{bmatrix} \delta x_1 \\ \delta x_2 \\ \cdots \\ \delta x_j \end{bmatrix} \text{或} [\delta Y_i] = \left[\frac{\partial f_i}{\partial x_j}\right][\delta x_j] \tag{2.57}$$

同样，根据上述的关系，对机器人的位置方程求微分，可以写出下列方程，它建立了机器人的关节微分运动和机器人手坐标系微分运动之间的联系：

$$\begin{bmatrix} \mathrm{d}x \\ \mathrm{d}y \\ \mathrm{d}z \\ \delta x \\ \delta y \\ \delta z \end{bmatrix} = \begin{bmatrix} \text{机器人} \\ \text{雅可比} \end{bmatrix} \begin{bmatrix} \mathrm{d}\theta_1 \\ \mathrm{d}\theta_2 \\ \mathrm{d}\theta_3 \\ \mathrm{d}\theta_4 \\ \mathrm{d}\theta_5 \\ \mathrm{d}\theta_6 \end{bmatrix} \text{或} [\boldsymbol{D}] = [\boldsymbol{J}][\boldsymbol{D}_\theta] \tag{2.58}$$

其中，$[\boldsymbol{D}]$ 中的 $\mathrm{d}x$、$\mathrm{d}y$ 及 $\mathrm{d}z$ 表示机器人手沿 x、y 及 z 轴的微分运动，$[\boldsymbol{D}]$ 中的 δx、δy 及 δz 分别表示机器人手绕 x、y 及 z 轴的微分旋转，$[\boldsymbol{D}_\theta]$ 表示关节的微分运动。正如前面所提到的，如果这两个矩阵都除以 $\mathrm{d}t$，那么它们表示的就是速度而非微分运动。在所有关系中只要将微分运动除以 $\mathrm{d}t$ 便可得到速度，所以在本节所处理的都是微分运动而非速度。

2.5.3 坐标系的微分运动与机器人的微分运动

假设坐标系相对于参考坐标系做一个微量的运动。一种情况是，不考虑产生微分运动的原因来观察坐标系的微分运动；另一种情况是，同时考虑产生微分运动的机构。对于第1种情况，将只研究坐标系的运动及坐标系表示的变化[如图 2.15(a)]。对于第 2 种情况，将研究产生该运动机构的微分运动及它与坐标系运动的联系[如图 2.15(b)]，研究机器人手坐标系的微分运动是由机器人每个关节的微分运动引起的[如图 2.15(c)]。因此，当机器人的关节作微分运动时，机器人手坐标系也产生微量运动，所以必须将机器人的微分运动与坐标系的微分运动联系起来。

为了理解上面所说的实际含义，以机器人焊接作业为例进行说明：假设有一个机器人要将两片工件焊接在一起，为了获得最好的焊接质量，要求机器人恒速运动，即要求机器人手坐标系的微分运动能表示为按特定方向的恒速运动。这就是涉及坐标系的微分运动，而该运动是由机器人产生的，必须将机器人的运动与坐标系的运动联系起来。因此，计算任一时刻每个关节的速度，以使得机器人产生的总运动等于坐标系的期望速度。

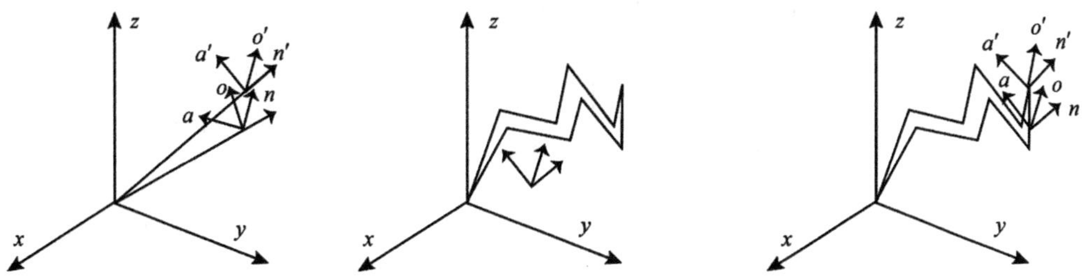

(a) 坐标系的微分运动　(b) 机器人关节及末端的微分运动　(c) 机器人微分运动引起的坐标系的微分运动

图 2.15　坐标系与机器人的微分运动

2.5.4　坐标系的微分运动

坐标系微分运动可以分为以下 3 种：

① 微分平移；

② 微分旋转；

③ 微分变换(平移与旋转)。

首先研究这些运动。

1. 微分平移

微分平移就是坐标系平移一个微分量，可用 **Trans**(dx, dy, dz) 来表示，其含义是坐标系的 3 个坐标轴做了微量的运动。

2. 绕参考轴微分旋转

微分旋转是坐标系的微小旋转，它通常用 **Rot**$(k, d\theta)$ 来描述，即坐标系绕 k 轴转动角度 $d\theta$。特别要说明，绕 x、y、z 轴的微分转动，分别定义为 δx、δy、δz。因为旋转很小，所以可以用如下的近似式：

$$\begin{cases}\sin\delta x = \delta x\ (\text{用弧度}) \\ \cos\delta x = 1\end{cases} \tag{2.59}$$

因此，表示绕 x、y、z 轴的微分旋转矩阵分别为：

$$\mathbf{Rot}(x, \delta x)=\begin{bmatrix}1 & 0 & 0 & 0\\ 0 & 1 & -\delta x & 0\\ 0 & \delta x & 1 & 0\\ 0 & 0 & 0 & 1\end{bmatrix}\quad \mathbf{Rot}(y, \delta y)=\begin{bmatrix}1 & 0 & \delta y & 0\\ 0 & 1 & 0 & 0\\ -\delta y & 0 & 1 & 0\\ 0 & 0 & 0 & 1\end{bmatrix} \tag{2.60}$$

$$\mathbf{Rot}(z, \delta z)=\begin{bmatrix}1 & -\delta z & 0 & 0\\ \delta z & 1 & 0 & 0\\ 0 & 0 & 1 & 0\\ 0 & 0 & 0 & 1\end{bmatrix}$$

同理，表述绕当前轴的微分旋转矩阵分别为：

$$\mathbf{Rot}(n,\ \delta n)=\begin{bmatrix}1&0&0&0\\0&1&-\delta n&0\\0&\delta n&1&0\\0&0&0&1\end{bmatrix}\quad \mathbf{Rot}(o,\ \delta o)=\begin{bmatrix}1&0&\delta o&0\\0&1&0&0\\-\delta o&0&1&0\\0&0&0&1\end{bmatrix}$$

$$\mathbf{Rot}(a,\delta a)=\begin{bmatrix}1&-\delta a&0&0\\\delta a&1&0&0\\0&0&1&0\\0&0&0&1\end{bmatrix}\tag{2.61}$$

可能有人会注意到，上述矩阵违反了前面所建立的向量大小为 1 的规定，例如 $\sqrt{1^2+(\delta x)^2}>1$。然而由于微分值很小，在数学上，高阶微分是可以忽略不计的，因此可将其略去，如果确实略去像 $(\delta x)^2$ 那样的高阶微分，那么可以接受这样的向量长度。

在矩阵的乘法计算中，矩阵的顺序十分重要。如果矩阵的乘法顺序改变，结果也将发生变化。如果使两个微分运动以不同顺序相乘，将得到两个不同的结果。

$$\begin{aligned}\mathbf{Rot}(x,\ \delta x)\mathbf{Rot}(y,\ \delta y)&=\begin{bmatrix}1&0&0&0\\0&1&-\delta x&0\\0&\delta x&1&0\\0&0&0&1\end{bmatrix}\begin{bmatrix}1&0&\delta y&0\\0&1&0&0\\-\delta y&0&1&0\\0&0&0&1\end{bmatrix}\\&=\begin{bmatrix}1&0&\delta y&0\\\delta x\delta y&1&-\delta x&0\\-\delta y&\delta x&1&0\\0&0&0&1\end{bmatrix}\end{aligned}\tag{2.62}$$

$$\begin{aligned}\mathbf{Rot}(y,\ \delta y)\mathbf{Rot}(x,\ \delta x)&=\begin{bmatrix}1&0&\delta y&0\\0&1&0&0\\-\delta y&0&1&0\\0&0&0&1\end{bmatrix}\begin{bmatrix}1&0&0&0\\0&1&-\delta x&0\\0&\delta x&1&0\\0&0&0&1\end{bmatrix}\\&=\begin{bmatrix}1&\delta x\delta y&\delta y&0\\0&1&-\delta x&0\\-\delta y&\delta x&1&0\\0&0&0&1\end{bmatrix}\end{aligned}\tag{2.63}$$

如上所述，如果忽略了高阶微分，则上述两式的结果是完全相同的。因此，在微分运动中，可认为相乘的顺序并不重要，即：

$$\mathbf{Rot}(x, \delta x)\mathbf{Rot}(y, \delta y) = \mathbf{Rot}(y, \delta y)\mathbf{Rot}(x, \delta x) \tag{2.64}$$

根据动力学相关理论，绕不同轴的大角度旋转是不能交换的。因此，它们不能按不同次序相加，然而速度是可以交换的，可以按向量相加。正如前面所述，如果忽略高阶微分，则乘法的顺序并不重要。实际上，由于速度就是由微分运动除以时间得出的，因此对于速度来说以上的结论也是正确的。

基于上述讨论，对于微分旋转，乘法顺序并不重要。因此可以用任意的顺序对微分旋转进行乘法运算。可以认为绕一般轴 k 的微分运动是由任意顺序绕三个坐标轴的微分旋转构成的，因此绕一般轴 k 的微分运动可以表示为：

$$\begin{aligned}\mathbf{Rot}(k, \mathrm{d}\theta) &= \mathbf{Rot}(x, \delta x)\mathbf{Rot}(y, \delta y)\mathbf{Rot}(z, \delta z)\\ &= \begin{bmatrix}1 & 0 & 0 & 0\\ 0 & 1 & -\delta x & 0\\ 0 & \delta x & 1 & 0\\ 0 & 0 & 0 & 1\end{bmatrix}\begin{bmatrix}1 & 0 & \delta y & 0\\ 0 & 1 & 0 & 0\\ -\delta y & 0 & 1 & 0\\ 0 & 0 & 0 & 1\end{bmatrix}\begin{bmatrix}1 & -\delta z & 0 & 0\\ \delta z & 1 & 0 & 0\\ 0 & 0 & 1 & 0\\ 0 & 0 & 0 & 1\end{bmatrix}\\ &= \begin{bmatrix}1 & -\delta z & \delta y & 0\\ \delta x\delta y + \delta z & -\delta x\delta y\delta z + 1 & -\delta x & 0\\ -\delta y + \delta x\delta z & \delta x + \delta y\delta z & 1 & 0\\ 0 & 0 & 0 & 1\end{bmatrix}\end{aligned} \tag{2.65}$$

如果忽略所有的高阶微分，可得：

$$\begin{aligned}\mathbf{Rot}(k, \mathrm{d}\theta) &= \mathbf{Rot}(x, \delta x) \times \mathbf{Rot}(y, \delta y) \times \mathbf{Rot}(z, \delta z)\\ &= \begin{bmatrix}1 & -\delta z & \delta y & 0\\ \delta z & 1 & -\delta x & 0\\ -\delta y & \delta x & 1 & 0\\ 0 & 0 & 0 & 1\end{bmatrix}\end{aligned} \tag{2.66}$$

3. 坐标系的微分变换

坐标系的微分变换是微分平移和微分旋转运动的合成，如果用 $\boldsymbol{T}$ 表示原始坐标系，并假定由于微分变换所引起的坐标系 $\boldsymbol{T}$ 的变化量用 $\mathrm{d}\boldsymbol{T}$ 表示，则：

$$\begin{aligned}&[\boldsymbol{T} + \mathrm{d}\boldsymbol{T}] = [\mathbf{Trans}(\mathrm{d}x, \mathrm{d}y, \mathrm{d}z) \times \mathbf{Rot}(k, \mathrm{d}\theta)][\boldsymbol{T}]\\ &\text{或}\ [\mathrm{d}\boldsymbol{T}] = [\mathbf{Trans}(\mathrm{d}x, \mathrm{d}y, \mathrm{d}z) \times \mathbf{Rot}(k, \mathrm{d}\theta) - \boldsymbol{I}][\boldsymbol{T}]\end{aligned} \tag{2.67}$$

其中，$\boldsymbol{I}$ 是单位矩阵；$[\mathrm{d}\boldsymbol{T}]$ 表示经微分变换后的坐标系的变化，式(2.68)可以写为：

$$\begin{aligned}&[\mathrm{d}\boldsymbol{T}] = [\boldsymbol{\Delta}][\boldsymbol{T}]\\ &[\boldsymbol{\Delta}] = [\mathbf{Trans}(\mathrm{d}x, \mathrm{d}y, \mathrm{d}z) \times \mathbf{Rot}(k, \mathrm{d}\theta) - \boldsymbol{I}]\end{aligned} \tag{2.68}$$

[$\boldsymbol{\Delta}$]（或简写为 $\boldsymbol{\Delta}$）称为微分算子，是由微分平移和微分旋转的乘积减去单位矩阵所得到的。用微分算子乘以坐标系将导致坐标系的变化，微分算子 [$\boldsymbol{\Delta}$] 可以用矩阵相乘并减去单位矩阵求得：

$$
\begin{aligned}
\boldsymbol{\Delta} &= \mathbf{Trans}(\mathrm{d}x,\ \mathrm{d}y,\ \mathrm{d}z) \times \mathbf{Rot}(k,\ \mathrm{d}\theta) - \boldsymbol{I} \\
&= \begin{bmatrix} 1 & 0 & 0 & \mathrm{d}x \\ 0 & 1 & 0 & \mathrm{d}y \\ 0 & 0 & 1 & \mathrm{d}z \\ 0 & 0 & 0 & 1 \end{bmatrix} \begin{bmatrix} 1 & -\delta z & \delta y & 0 \\ \delta z & 1 & -\delta x & 0 \\ -\delta y & \delta x & 1 & 0 \\ 0 & 0 & 0 & 1 \end{bmatrix} - \begin{bmatrix} 1 & 0 & 0 & 0 \\ 0 & 1 & 0 & 0 \\ 0 & 0 & 1 & 0 \\ 0 & 0 & 0 & 1 \end{bmatrix} \\
&= \begin{bmatrix} 0 & -\delta z & \delta y & \mathrm{d}x \\ \delta z & 0 & -\delta x & \mathrm{d}y \\ -\delta y & \delta x & 0 & \mathrm{d}z \\ 0 & 0 & 0 & 0 \end{bmatrix}
\end{aligned} \tag{2.69}
$$

应注意的是，微分算子并不是变换矩阵或坐标系，它不遵循所要求的标准格式，而仅仅是一个算子并在坐标系中产生变化。

2.5.5 坐标系之间的微分变化

式(2.69)中的微分算子 $\boldsymbol{\Delta}$ 表示相对于固定参考坐标系的微分算子，通常记为 ${}^{U}\boldsymbol{\Delta}$。然而也可以定义相对于当前坐标系本身的另外一种微分算子，使得可以在该坐标系中计算出同样的变化。微分算子 ${}^{T}\boldsymbol{\Delta}$ 是相对于当前坐标，为了求得该坐标系的变化，必须右乘 ${}^{T}\boldsymbol{\Delta}$。因为两者都描述的是该坐标系中的相同变化，所以结果应该是相同的，于是要求机器人的雅可比矩阵，就需要把一个坐标系内的位置和姿态的微小变化变换为另一坐标系内的等效表达式。

根据 $[\mathrm{d}\boldsymbol{T}]=[\boldsymbol{\Delta}][\boldsymbol{T}]$ 和 $[\mathrm{d}\boldsymbol{T}]=[\boldsymbol{T}][{}^{T}\boldsymbol{\Delta}]$，当两种变化等价时，可以得到：

$$
\begin{aligned}
&[\mathrm{d}\boldsymbol{T}]=[\boldsymbol{\Delta}][\boldsymbol{T}]=[\boldsymbol{T}][{}^{T}\boldsymbol{\Delta}] \\
&\Rightarrow[\boldsymbol{T}^{-1}][\boldsymbol{\Delta}][\boldsymbol{T}]=[\boldsymbol{T}^{-1}][\boldsymbol{T}][{}^{T}\boldsymbol{\Delta}] \\
&\Rightarrow[{}^{T}\boldsymbol{\Delta}]=[\boldsymbol{T}^{-1}][\boldsymbol{\Delta}][\boldsymbol{T}]
\end{aligned} \tag{2.70}
$$

式(2.70)可以用来计算相对于本身坐标系的微分算子 ${}^{T}\boldsymbol{\Delta}$，将式(2.70)中的矩阵相乘并加以简化，如果坐标系 T 是用 $\boldsymbol{n}$、$\boldsymbol{o}$、$\boldsymbol{a}$、$\boldsymbol{p}$ 表示的矩阵，得到的结果如下：

$$
\boldsymbol{T}^{-1} = \begin{bmatrix} n_x & n_y & n_z & -\boldsymbol{p}\cdot\boldsymbol{n} \\ o_x & o_y & o_z & -\boldsymbol{p}\cdot\boldsymbol{o} \\ a_x & a_y & a_z & -\boldsymbol{p}\cdot\boldsymbol{a} \\ 0 & 0 & 0 & 1 \end{bmatrix},\quad \boldsymbol{\Delta} = \begin{bmatrix} 0 & -\delta z & \delta y & \mathrm{d}x \\ \delta z & 0 & -\delta x & \mathrm{d}y \\ -\delta y & \delta x & 0 & \mathrm{d}z \\ 0 & 0 & 0 & 0 \end{bmatrix} \tag{2.71}
$$

由式(2.70)和(2.71)则有：

$$[{}^{T}\boldsymbol{\Delta}]=[\boldsymbol{T}^{-1}][\boldsymbol{\Delta}][\boldsymbol{T}]=\begin{bmatrix}0 & -{}^{T}\delta z & {}^{T}\delta y & {}^{T}\mathrm{d}x\\ {}^{T}\delta z & 0 & -{}^{T}\delta x & {}^{T}\mathrm{d}y\\ -{}^{T}\delta y & {}^{T}\delta x & 0 & {}^{T}\mathrm{d}z\\ 0 & 0 & 0 & 0\end{bmatrix} \tag{2.72}$$

通过以上分析可知，${}^{T}\boldsymbol{\Delta}$ 和 $\boldsymbol{\Delta}$ 矩阵非常相似，但它的所有元素都是相对于当前坐标系的，这些元素可以从以上矩阵相乘的结果求得，结果为：

$$\begin{cases}{}^{T}\delta x=\boldsymbol{\delta}\cdot\boldsymbol{n}\\ {}^{T}\delta y=\boldsymbol{\delta}\cdot\boldsymbol{o}\\ {}^{T}\delta z=\boldsymbol{\delta}\cdot\boldsymbol{a}\\ {}^{T}\mathrm{d}x=\boldsymbol{n}\cdot[\boldsymbol{\delta}\times\boldsymbol{p}+\boldsymbol{d}]\\ {}^{T}\mathrm{d}y=\boldsymbol{o}\cdot[\boldsymbol{\delta}\times\boldsymbol{p}+\boldsymbol{d}]\\ {}^{T}\mathrm{d}z=\boldsymbol{a}\cdot[\boldsymbol{\delta}\times\boldsymbol{p}+\boldsymbol{d}]\end{cases} \tag{2.73}$$

对于上述方程的推导可以参考相关文献，这里不具体推导。

第 3 章　机器人动力学

3.1 动力学基本理论

机器人动力学与加速度、负载、质量及惯量有关。根据力学课程知识可知，为了使物体加速，必须对它施加力。同样，为了使旋转物体产生角加速度，则必须对其施加力矩（如图 3.1）所示。

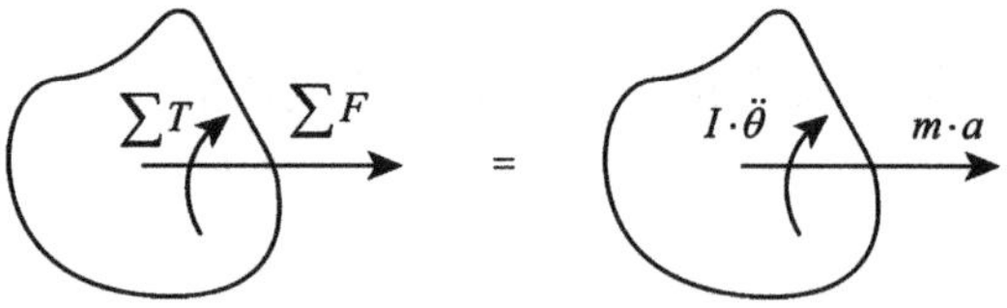

图 3.1　刚体受力简图

所需力及力矩为：

$$\begin{cases} \sum F = m \cdot a \\ \sum T = I \cdot \ddot{\theta} \end{cases} \tag{3.1}$$

式中，F 为作用于刚体的力，m 为质量，a 为加速度，T 为刚体的力矩，I 为转动惯量，$\ddot{\theta}$ 为角加速度。

为使机器人连杆加速，驱动器必须有足够大的力和力矩来驱动机器人连杆和关节，以使它们能以期望的加速度和速度运动。否则，连杆将不能以需要的速度运动，并因运动迟缓而达不到期望的位置精度。为此，必须建立决定机器人运动的动力学关系来计算各驱动器所需驱动力。上述动力学关系就是力、质量、加速度以及力矩、惯量、角加速度之间的方程，以这些方程为依据，考虑机器人的外部载荷，设计者可以计算出驱动器可能承受的最大载荷，进而设计出能提供足够力及力矩的驱动器。

稳态下研究的机器人动力学分析只限于静态位置问题的讨论，未涉及机器人运动的力、速度、加速度等动态过程。实际上，机器人是一个复杂的动力学系统，机器人系统在外载荷和关节驱动力矩（驱动力）的作用下将取得静力平衡，在关节驱动力矩（驱动力）的作用下将发生运动变化。机器人的动态性能不仅与运动学因素有关，还与机器人的结构形式、质量分布、执行机构的位置、传动装置等对动力学产生重要影响的因素有关。

一般情况下可用牛顿力学等方法来确定机器人动力学方程。然而，由于机器人是具有分布质量的三维、多自由度的机械装置，利用牛顿力学确定其动力学方程非常困难。作为替代，可以寻求其他方法，如利用拉格朗日力学来进行分析。用拉格朗日力学建立系统动力学方程时仅需考虑系统能量，所以在很多情况下使用起来比较容易。虽然用牛顿力学及其他方法可以推导动力学方程，但多数参考书都采用拉格朗日力学进行推导。本章将用几个例子来简单地学习拉格朗日力学，然后说明如何用它来推导机器人动力学方程。鼓励感兴趣的读者参阅有关参考书以便了解更多细节。

3.2 拉格朗日力学原理

在机器人的动力学研究中，主要使用拉格朗日方程建立机器人的动力学方程，这类方程可直接表示为系统控制输入的函数，若采用齐次坐标递推的拉格朗日方程也可建立比较方便而有效的动力学方程。对于任何机械系统来说，拉格朗日函数 L 定义为系统总动能 K 与总势能 P 之差。

$$L = K - P \tag{3.2}$$

其中，L 是拉格朗日函数，K 是系统动能，P 是系统势能。于是有：

$$F_i = \frac{\mathrm{d}}{\mathrm{d}t}\left(\frac{\partial L}{\partial \dot{x}_i}\right) - \frac{\partial L}{\partial x_i} \tag{3.3}$$

$$T_i = \frac{\mathrm{d}}{\mathrm{d}t}\left(\frac{\partial L}{\partial \dot{\theta}_i}\right) - \frac{\partial L}{\partial \theta_i} \tag{3.4}$$

其中，F_i 是产生线运动的所有外力之和，T_i 是产生转动的所有外力矩之和，θ_i 和 x_i 是系统变量。为了得到运动方程，首先需要推导系统的能量方程，然后再根据式(3.3)和式(3.4)对拉格朗日函数求导。

下面通过 5 个例子说明拉格朗日力学在推导运动方程中的应用。需要说明的是，能量项的复杂性是随自由度和变量数的增加而增加的。

例 3.1 分别用拉格朗日力学及牛顿力学推导图 3.2 所示单自由度系统力和加速度的关系(假设车轮的惯量可忽略不计)。

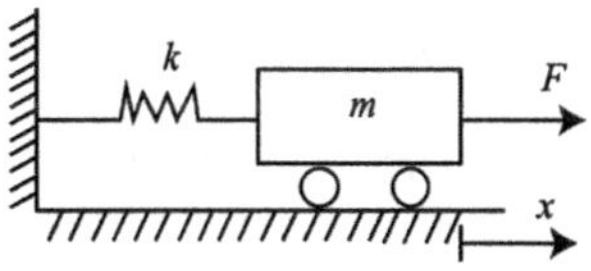

图 3.2 小车-弹簧系统简图

解： x 轴表示小车的运动方向，位移 x 表示系统的唯一变量。由于这是一个单自由度系统，所以只需一个方程就可描述系统的运动。又因为是直线运动，所以只需利用式(3.2)，可得到：

$$\begin{cases} K=\frac{1}{2}mv^2=\frac{1}{2}m\dot{x}^2 \\ P=\frac{1}{2}kx^2 \end{cases} \Rightarrow L=K-P=\frac{1}{2}m\dot{x}^2-\frac{1}{2}kx^2 \tag{3.5}$$

拉格朗日函数的导数是：

$$\frac{\partial L}{\partial \dot{x}}=m\dot{x},\quad \frac{\mathrm{d}}{\mathrm{d}t}(m\dot{x})=m\ddot{x} \text{ 和} \frac{\partial L}{\partial x}=-kx \tag{3.6}$$

于是，求得小车的运动方程为：

$$F=m\ddot{x}+kx \tag{3.7}$$

利用牛顿力学求解上述问题，首先画出小车的受力图（如图 3.3 所示）。

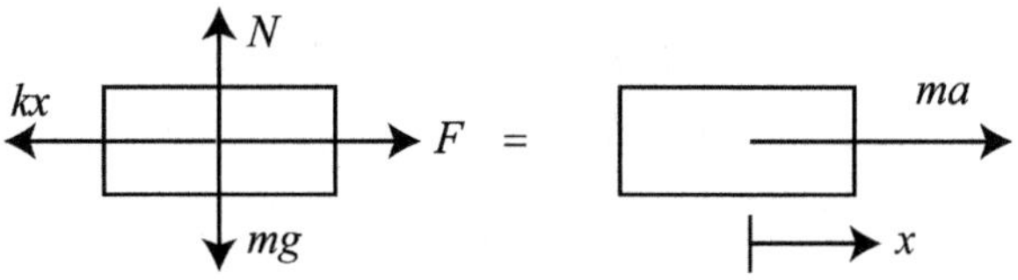

图 3.3　小车-弹簧系统受力图

其受力方程：

$$\sum F=ma$$

$$F_x-kx=ma_x \Rightarrow F_x=ma_x+kx \tag{3.8}$$

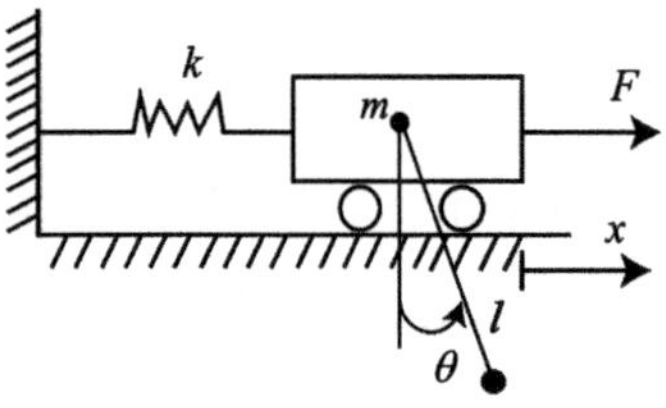

图 3.4　小车-单摆系统简图

结果和前面的完全一样，对这样一个简单系统，上述过程说明使用牛顿力学比较简单。

例 3.2　推导图 3.4 所示 2 自由度系统的运动方程。

解：在本题中，系统有 2 个自由度和两个坐标参数 x 和 θ，因此系统有两个运动方程：一个描述系统的直线运动，另一个描述单摆的旋转运动。

系统的动能包括车的动能和单摆的动能。其中，单摆的速度是小车速度及单摆相对于车的速度之和，即：

$$\begin{cases} \boldsymbol{v}_p=\boldsymbol{v}_c+\boldsymbol{v}_{p/c}=(\dot{x})\boldsymbol{i}+(l\dot{\theta}\cos\theta)\boldsymbol{i}+(l\dot{\theta}\sin\theta)\boldsymbol{j}=(\dot{x}+l\dot{\theta}\cos\theta)\boldsymbol{i}+(l\dot{\theta}\sin\theta)\boldsymbol{j} \\ \boldsymbol{v}_p^2=(\dot{x}+l\dot{\theta}\cos\theta)^2+(l\dot{\theta}\sin\theta)^2 \end{cases} \tag{3.9}$$

于是有：

$$\begin{cases} K = K_{直线} + K_{旋转} \\ K_{直线} = \dfrac{1}{2} m_1 \dot{x}^2 \\ K_{旋转} = \dfrac{1}{2} m_2 ((\dot{x} + l\dot{\theta}\cos\theta)^2 + (l\dot{\theta}\sin\theta)^2) \\ K = \dfrac{1}{2}(m_1 + m_2)\dot{x}^2 + \dfrac{1}{2} m_2 (l^2\dot{\theta}^2 + 2l\dot{\theta}\dot{x}\cos\theta) \end{cases} \tag{3.10}$$

同样，系统的势能是弹簧和摆的势能之和，即：

$$P = \frac{1}{2}kx^2 + m_2 gl(1 - \cos\theta) \tag{3.11}$$

注意，零势能线（基准线）选择在 $\theta = 0°$ 处，于是拉格朗日函数为：

$$L = K - P = \frac{1}{2}(m_1 + m_2)\dot{x}^2 + \frac{1}{2}m_2(l^2\dot{\theta}^2 + 2l\dot{\theta}\dot{x}\cos\theta) - \frac{1}{2}kx^2 - m_2 gl(1 - \cos\theta) \tag{3.12}$$

与直线运动有关的导数及运动方程为：

$$\begin{cases} \dfrac{\partial L}{\partial \dot{x}} = (m_1 + m_2)\dot{x} + m_2 l\dot{\theta}\cos\theta \\ \dfrac{\mathrm{d}}{\mathrm{d}t}\left(\dfrac{\partial L}{\partial \dot{x}}\right) = (m_1 + m_2)\ddot{x} + m_2 l\ddot{\theta}\cos\theta - m_2 l\dot{\theta}^2\sin\theta \\ \dfrac{\partial L}{\partial x} = -kx \\ F = (m_1 + m_2)\ddot{x} + m_2 l\ddot{\theta}\cos\theta - m_2 l\dot{\theta}^2\sin\theta + kx \end{cases} \tag{3.13}$$

对于旋转运动，有：

$$\begin{cases} \dfrac{\partial L}{\partial \dot{\theta}} = m_2 l^2\dot{\theta} + m_2 l\dot{x}\cos\theta \\ \dfrac{\mathrm{d}}{\mathrm{d}t}\left(\dfrac{\partial L}{\partial \dot{\theta}}\right) = m_2 l^2\ddot{\theta} + m_2 l\ddot{x}\cos\theta - m_2 l\dot{x}\dot{\theta}\sin\theta \\ \dfrac{\partial L}{\partial \theta} = -m_2 gl\sin\theta - m_2 l\dot{\theta}\dot{x}\sin\theta \\ T = m_2 l^2\ddot{\theta} + m_2 l\ddot{x}\cos\theta + m_2 gl\sin\theta \end{cases} \tag{3.14}$$

将以上两个运动方程写成矩阵形式，可得：

$$\begin{cases} F = (m_1 + m_2)\ddot{x} + m_2 l\ddot{\theta}\cos\theta - m_2 l\dot{\theta}^2\sin\theta + kx \\ T = m_2 l^2\ddot{\theta} + m_2 l\ddot{x}\cos\theta + m_2 gl\sin\theta \end{cases} \tag{3.15}$$

写成矩阵的形式为：

$$\begin{bmatrix}F\\T\end{bmatrix}=\begin{bmatrix}m_1+m_2 & m_2 l\cos\theta\\ m_2 l\cos\theta & m_2 l^2\end{bmatrix}\begin{bmatrix}\ddot{x}\\ \ddot{\theta}\end{bmatrix}+\begin{bmatrix}0 & -m_2 l\sin\theta\\ 0 & 0\end{bmatrix}\begin{bmatrix}\dot{x}^2\\ \dot{\theta}^2\end{bmatrix}+\begin{bmatrix}kx\\ m_2 g l\sin\theta\end{bmatrix} \tag{3.16}$$

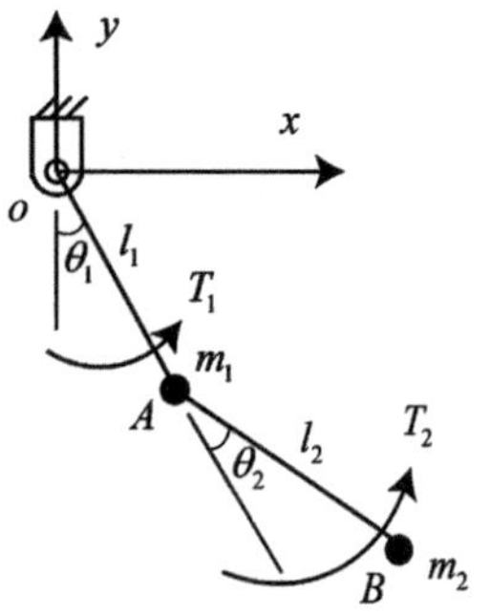

图 3.5　集中质量的双连杆机构

例 3.3　推导如图 3.5 所示 2 自由度系统的运动方程。

解：本例除每个连杆的质量都集中在连杆末端且只有两个自由度之外，其他方面均和机器人非常类似。因此，在该例中可看到机器人中常有的向心加速度和科里奥利加速度等诸多加速度项。

和以前一样，首先计算系统的动能和势能，其中动能为：

$$K=K_1+K_2 \tag{3.17}$$

其中，$K_1=\frac{1}{2}m_1 l_1^2\dot{\theta}_1^2$。

为计算 K_2，首先列出 B 处 m_2 的位置方程，然后对其求导得到的速度为：

$$\begin{cases}x_B=l_1\sin\theta_1+l_2\sin(\theta_1+\theta_2)=l_1S_1+l_2S_{12}\\ y_B=-l_1C_1-l_2C_{12}\end{cases} \tag{3.18}$$

式中，S_1 表示 $\sin\theta_1$，S_{12} 表示 $\sin(\theta_1+\theta_2)$，C_1 表示 $\cos\theta_1$，C_{12} 表示 $\cos(\theta_1+\theta_2)$。

$$\begin{cases}\dot{x}_B=l_1C_1\dot{\theta}_1+l_2C_{12}(\dot{\theta}_1+\dot{\theta}_2)\\ \dot{y}_B=l_1S_1\dot{\theta}_1+l_2S_{12}(\dot{\theta}_1+\dot{\theta}_2)\end{cases} \tag{3.19}$$

由于 $v^2=\dot{x}^2+\dot{y}^2$，于是得出：

$$\begin{aligned}v_B^2&=l_1^2\dot{\theta}_1^2(S_1^2+C_1^2)+l_2^2(\dot{\theta}_1^2+\dot{\theta}_2^2+2\dot{\theta}_1\dot{\theta}_2)(S_{12}^2+C_{12}^2)+2l_1l_2(C_1C_{12}+S_1S_{12})(\dot{\theta}_1^2+\dot{\theta}_1\dot{\theta}_2)\\ &=l_1^2\dot{\theta}_1^2+l_2^2(\dot{\theta}_1^2+\dot{\theta}_2^2+2\dot{\theta}_1\dot{\theta}_2)+2l_1l_2C_2(\dot{\theta}_1^2+\dot{\theta}_1\dot{\theta}_2)\end{aligned} \tag{3.20}$$

于是，第 2 个质量块的动能为：

$$K_2=\frac{1}{2}m_2l_1^2\dot{\theta}_1^2+\frac{1}{2}m_2l_2^2(\dot{\theta}_1^2+\dot{\theta}_2^2+2\dot{\theta}_1\dot{\theta}_2)+m_2l_1l_2C_2(\dot{\theta}_1^2+\dot{\theta}_1\dot{\theta}_2) \tag{3.21}$$

系统总动能为：

$$K=\frac{1}{2}(m_1+m_2)l_1^2\dot{\theta}_1^2+\frac{1}{2}m_2l_2^2(\dot{\theta}_1^2+\dot{\theta}_2^2+2\dot{\theta}_1\dot{\theta}_2)+m_2l_1l_2C_2(\dot{\theta}_1^2+\dot{\theta}_1\dot{\theta}_2) \tag{3.22}$$

将基准线（零势能线）选择在转动轴“o”点处的情况下，系统的势能可以表示为：

$$\begin{cases}P_1=-m_1gl_1C_1\\P_2=-m_2gl_1C_1-m_2gl_2C_{12}\\P=P_1+P_2=-(m_1+m_2)gl_1C_1-m_2gl_2C_{12}\end{cases}\tag{3.23}$$

系统的拉格朗日函数为：

$$\begin{aligned}L=K-P=&\frac{1}{2}(m_1+m_2)l_1^2\dot{\theta}_1^2+\frac{1}{2}m_2l_2^2(\dot{\theta}_1^2+\dot{\theta}_2^2+2\dot{\theta}_1\dot{\theta}_2)+\\&m_2l_1l_2C_2(\dot{\theta}_1^2+\dot{\theta}_1\dot{\theta}_2)+(m_1+m_2)gl_1C_1+m_2gl_2C_{12}\end{aligned}\tag{3.24}$$

其导数为：

$$\frac{\partial L}{\partial\dot{\theta}_1}=(m_1+m_2)l_1^2\dot{\theta}_1+m_2l_2^2(\dot{\theta}_1+\dot{\theta}_2)+2m_2l_1l_2C_2\dot{\theta}_1+m_2l_1l_2C_2\dot{\theta}_2$$

$$\begin{aligned}\frac{\mathrm{d}}{\mathrm{d}t}\left(\frac{\partial L}{\partial\dot{\theta}_1}\right)=&(m_1+m_2)l_1^2\ddot{\theta}_1+m_2l_2^2(\ddot{\theta}_1+\ddot{\theta}_2)+2m_2l_1l_2C_2\ddot{\theta}_1-\\&2m_2l_1l_2S_2\dot{\theta}_1\dot{\theta}_2+m_2l_1l_2C_2\ddot{\theta}_2-m_2l_1l_2S_2\dot{\theta}_2^2\end{aligned}$$

$$\frac{\partial L}{\partial\theta_1}=-(m_1+m_2)gl_1S_1-m_2gl_2S_{12}$$

$$\begin{aligned}T_1=&[(m_1+m_2)l_1^2+m_2l_2^2+2m_2l_1l_2C_2]\ddot{\theta}_1+(m_2l_2^2+m_2l_1l_2C_2)\ddot{\theta}_2-\\&m_2l_1l_2S_2\dot{\theta}_2^2-2m_2l_1l_2S_2\dot{\theta}_1\dot{\theta}_2+(m_1+m_2)gl_1S_1+m_2gl_2S_{12}\end{aligned}\tag{3.25}$$

$$\frac{\partial L}{\partial\dot{\theta}_2}=m_2l_2^2\dot{\theta}_2+m_2l_2^2\dot{\theta}_1+m_2l_1l_2C_2\dot{\theta}_1$$

$$\frac{\mathrm{d}}{\mathrm{d}t}\left(\frac{\partial L}{\partial\dot{\theta}_2}\right)=m_2l_2^2(\ddot{\theta}_1+\ddot{\theta}_2)+m_2l_1l_2C_2\ddot{\theta}_1-m_2l_1l_2S_2\dot{\theta}_1\dot{\theta}_2$$

$$\frac{\partial L}{\partial\theta_2}=-m_2l_1l_2S_2(\dot{\theta}_1^2+\dot{\theta}_1\dot{\theta}_2)-m_2gl_2S_{12}$$

$$T_2=(m_2l_2^2+m_2l_1l_2C_2)\ddot{\theta}_1+m_2l_2^2\ddot{\theta}_2+m_2l_1l_2S_2\dot{\theta}_1^2+m_2gl_2S_{12}$$

将以上 T_1、T_2 的方程写成矩阵形式，可得：

$$\begin{aligned}\begin{bmatrix}T_1\\T_2\end{bmatrix}=&\begin{bmatrix}(m_1+m_2)l_1^2+m_2l_2^2+2m_2l_1l_2C_2 & m_2l_2^2+m_2l_1l_2C_2\\(m_2l_2^2+m_2l_1l_2C_2) & m_2l_2^2\end{bmatrix}\begin{bmatrix}\ddot{\theta}_1\\\ddot{\theta}_2\end{bmatrix}\\&+\begin{bmatrix}0 & -m_2l_1l_2S_2\\m_2l_1l_2S_2 & 0\end{bmatrix}\begin{bmatrix}\dot{\theta}_1^2\\\dot{\theta}_2^2\end{bmatrix}+\begin{bmatrix}-m_2l_1l_2S_2 & -m_2l_1l_2S_2\\0 & 0\end{bmatrix}\begin{bmatrix}\dot{\theta}_1\dot{\theta}_2\\\dot{\theta}_2\dot{\theta}_1\end{bmatrix}\\&+\begin{bmatrix}(m_1+m_2)gl_1S_1+m_2gl_2S_{12}\\m_2gl_2S_{12}\end{bmatrix}\end{aligned}\tag{3.26}$$

注意，在式(3.26)中，$\ddot{\theta}$ 项与连杆的角加速度有关，$\dot{\theta}^2$ 为向心加速度项，$\dot{\theta}_1\dot{\theta}_2$ 为科里奥利加速度项。在本例中，连杆 1 的运动为连杆 2 提供了一个旋转基准，这是科里奥利加速度的产生原因。例 3.2 中的小车没有旋转运动，因此并没有产生科里奥利加速度。可以预测，在多轴做三维运动的机器臂中，由于每个连杆都是后续连杆的旋转基准，将会有多个科里奥利加速度项。

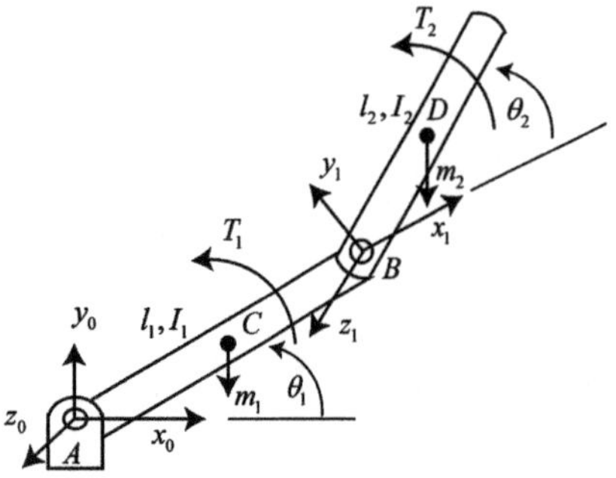

图 3.6　自由度机械臂

例 3.4　应用拉格朗日方程推导如图 3.6 所示 2 自由度机械臂的运动方程。每个连杆的质心均位于该连杆的中心，其转动惯量分别为 I_1 和 I_2。

解： 本例机械臂运动方程的推导类似例 3.3。不同的是，除了坐标系有变化外，两个连杆均具有分布质量，因此在计算动能时需要考虑转动惯量。和以前的步骤一样，首先通过对连杆 2 的质心位置求导得到其速度：

$$\begin{cases} x_D = l_1C_1 + 0.5l_2C_{12} \Rightarrow \dot{x}_D = -l_1S_1\dot{\theta}_1 - 0.5l_2S_{12}(\dot{\theta}_1 + \dot{\theta}_2) \\ y_D = l_1S_1 + 0.5l_2S_{12} \Rightarrow \dot{y}_D = l_1C_1\dot{\theta}_1 + 0.5l_2C_{12}(\dot{\theta}_1 + \dot{\theta}_2) \end{cases} \tag{3.27}$$

于是，连杆 2 质心的总速度为：

$$v_D^2 = \dot{x}_D^2 + \dot{y}_D^2 = \dot{\theta}_1^2(l_1^2 + 0.25l_2^2 + l_1l_2C_2) + \dot{\theta}_2^2(0.25l_2^2) + \dot{\theta}_1\dot{\theta}_2(0.5l_2^2 + l_1l_2C_2) \tag{3.28}$$

系统的总动能是连杆 1 和连杆 2 的动能之和。由连杆绕定轴转动（对连杆 1）和绕质心转动（对连杆 2）的动能计算方程，可得：

$$\begin{aligned} K = K_1 + K_2 &= \left[\frac{1}{2}I_A\dot{\theta}_1^2\right] + \left[\frac{1}{2}I_D(\dot{\theta}_1 + \dot{\theta}_2)^2 + \frac{1}{2}m_2v_D^2\right] \\ &= \left[\frac{1}{2}\left(\frac{1}{3}m_1l_1^2\right)\dot{\theta}_1^2\right] + \left[\frac{1}{2}\left(\frac{1}{12}m_2l_2^2\right)(\dot{\theta}_1 + \dot{\theta}_2)^2 + \frac{1}{2}m_2v_D^2\right] \end{aligned} \tag{3.29}$$

将式(3.28)代入式(3.29)并整理，可得：

$$\begin{aligned} K = &\dot{\theta}_1^2\left(\frac{1}{6}m_1l_1^2 + \frac{1}{6}m_2l_2^2 + \frac{1}{2}m_2l_1^2 + \frac{1}{2}m_2l_1l_2C_2\right) + \\ &\dot{\theta}_2^2\left(\frac{1}{6}m_2l_2^2\right) + \dot{\theta}_1\dot{\theta}_2\left(\frac{1}{3}m_2l_2^2 + \frac{1}{2}m_2l_1l_2C_2\right) \end{aligned} \tag{3.30}$$

系统的势能是两连杆势能之和：

$$P = m_1g\,\frac{l_1}{2}S_1 + m_2g\left(l_1S_1 + \frac{l_2}{2}S_{12}\right) \tag{3.31}$$

双连杆机器人手臂的拉格朗日函数为：

$$L=K-P=\dot{\theta}_1^2\left(\frac{1}{6}m_1l_1^2+\frac{1}{6}m_2l_2^2+\frac{1}{2}m_2l_1^2+\frac{1}{2}m_2l_1l_2C_2\right)+\dot{\theta}_2^2\left(\frac{1}{6}m_2l_2^2\right)+$$

$$\dot{\theta}_1\dot{\theta}_2\left(\frac{1}{3}m_2l_2^2+\frac{1}{2}m_2l_1l_2C_2\right)-m_1g\,\frac{l_1}{2}S_1-m_2g\left(l_1S_1+\frac{l_2}{2}S_{12}\right) \tag{3.32}$$

对该拉格朗日函数求导并代入式(3.4)，得到下面两个运动方程：

$$T_1=\left(\frac{1}{3}m_1l_1^2+m_2l_1^2+\frac{1}{3}m_2l_2^2+m_2l_1l_2C_2\right)\ddot{\theta}_1+\left(\frac{1}{3}m_2l_2^2+\frac{1}{2}m_2l_1l_2C_2\right)\ddot{\theta}_2-$$

$$(m_2l_1l_2S_2)\dot{\theta}_1\dot{\theta}_2-\left(\frac{1}{2}m_2l_1l_2S_2\right)\dot{\theta}_2^2+\left(\frac{1}{2}m_1+m_2\right)gl_1C_1+\frac{1}{2}m_2gl_2C_{12} \tag{3.33}$$

$$T_2=\left(\frac{1}{3}m_2l_2^2+\frac{1}{2}m_2l_1l_2C_2\right)\ddot{\theta}_1+\left(\frac{1}{3}m_2l_2^2\right)\ddot{\theta}_2+\left(\frac{1}{2}m_2l_1l_2S_2\right)\dot{\theta}_1^2+\frac{1}{2}m_2gl_2C_{12} \tag{3.34}$$

也可将式(3.33)和式(3.34)写成如下矩阵形式：

$$\begin{bmatrix}T_1\\T_2\end{bmatrix}=\begin{bmatrix}\left(\frac{1}{3}m_1l_1^2+m_2l_1^2+\frac{1}{3}m_2l_2^2+m_2l_1l_2C_2\right) & \left(\frac{1}{3}m_2l_2^2+\frac{1}{2}m_2l_1l_2C_2\right)\\ \left(\frac{1}{3}m_2l_2^2+\frac{1}{2}m_2l_1l_2C_2\right) & \left(\frac{1}{3}m_2l_2^2\right)\end{bmatrix}\begin{bmatrix}\ddot{\theta}_1\\ \ddot{\theta}_2\end{bmatrix}+$$

$$\begin{bmatrix}0 & -\left(\frac{1}{2}m_2l_1l_2S_2\right)\\ \left(\frac{1}{2}m_2l_1l_2S_2\right) & 0\end{bmatrix}\begin{bmatrix}\dot{\theta}_1^2\\ \dot{\theta}_2^2\end{bmatrix}+\begin{bmatrix}-(m_2l_1l_2S_2) & 0\\ 0 & 0\end{bmatrix}\begin{bmatrix}\dot{\theta}_1\dot{\theta}_2\\ \dot{\theta}_2\dot{\theta}_1\end{bmatrix}+$$

$$\begin{bmatrix}\left(\frac{1}{2}m_1+m_2\right)gl_1C_1+\frac{1}{2}m_2gl_2C_{12}\\ \frac{1}{2}m_2gl_2C_{12}\end{bmatrix} \tag{3.35}$$

例 3.5 应用拉格朗日方法推导如图 3.7 所示 2 自由度极坐标机械臂的运动方程。每个连杆的质心均位于该连杆的中心，转动惯量分别为 I_1 和 I_2。

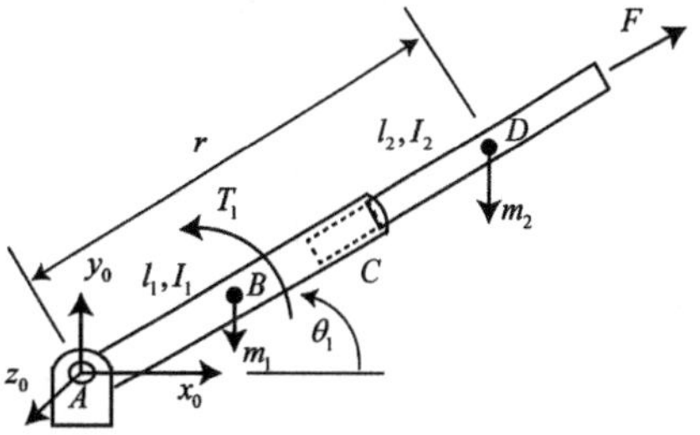

图 3.7 2 自由度极坐标机械臂

解： 注意，在本例中，机械臂可以做伸缩线运动。定义外机械臂中心到旋转中心距离为 r，它是系统的一个变量，机械臂总长度为 $r+(l_2/2)$。利用和前面相同的方法，推导拉格朗日函数并求取合适的导数，结果如下：

$$
\begin{cases}
K = K_1 + K_2 \\
K_1 = \frac{1}{2} I_{1,A} \dot{\theta}^2 = \frac{1}{2} \cdot \frac{1}{3} m_1 l_1^2 \dot{\theta}^2 = \frac{1}{6} m_1 l_1^2 \dot{\theta}^2 \\
x_D = rC\theta \Rightarrow \dot{x}_D = \dot{r}C\theta - r\dot{\theta}S\theta \\
y_D = rS\theta \Rightarrow \dot{y}_D = \dot{r}S\theta + r\dot{\theta}C\theta \\
v_D^2 = \dot{r}^2 + r^2\dot{\theta}^2 \\
K_2 = \frac{1}{2} I_{2,D} \dot{\theta}^2 + \frac{1}{2} m_2 v_D^2 = \frac{1}{2} \cdot \frac{1}{12} m_2 l_2^2 \dot{\theta}^2 + \frac{1}{2} m_2 (\dot{r}^2 + r^2\dot{\theta}^2) \\
K = \left(\frac{1}{6} m_1 l_1^2 + \frac{1}{24} m_2 l_2^2 + \frac{1}{2} m_2 r^2\right) \dot{\theta}^2 + \frac{1}{2} m_2 \dot{r}^2 \\
P = m_1 g \frac{l_1}{2} S\theta + m_2 g r S\theta \\
L = \left(\frac{1}{6} m_1 l_1^2 + \frac{1}{24} m_2 l_2^2 + \frac{1}{2} m_2 r^2\right) \dot{\theta}^2 + \frac{1}{2} m_2 \dot{r}^2 - \left(m_1 g \frac{l_1}{2} + m_2 g r\right) S\theta
\end{cases}
\tag{3.36}
$$

式中，$C\theta$、$S\theta$ 分别表示 $\cos\theta$、$\sin\theta$。

$$
\begin{cases}
\frac{\mathrm{d}}{\mathrm{d}t}\left(\frac{\partial L}{\partial \dot{\theta}}\right) = \left(\frac{1}{3} m_1 l_1^2 + \frac{1}{12} m_2 l_2^2 + m_2 r^2\right) \ddot{\theta} + 2 m_2 \dot{r}\dot{\theta} \\
\frac{\partial L}{\partial \theta} = -\left(m_1 g \frac{l_1}{2} + m_2 g r\right) C\theta
\end{cases}
\tag{3.37}
$$

$$
T = \left(\frac{1}{3} m_1 l_1^2 + \frac{1}{12} m_2 l_2^2 + m_2 r^2\right) \ddot{\theta} + 2 m_2 r \dot{r} \dot{\theta} + \left(m_1 g \frac{l_1}{2} + m_2 g r\right) C\theta \tag{3.38}
$$

$$
\begin{cases}
\frac{\mathrm{d}}{\mathrm{d}t}\left(\frac{\partial L}{\partial \dot{r}}\right) = m_2 \ddot{r} \\
\frac{\partial L}{\partial r} = m_2 r \theta^2 - m_2 g S\theta \\
F = m_2 \ddot{r} - m_2 r \dot{\theta}^2 + m_2 g S\theta
\end{cases}
\tag{3.39}
$$

将这两个方程写成矩阵形式，可得：

$$
\begin{bmatrix} T \\ F \end{bmatrix} = \begin{bmatrix} \frac{1}{3} m_1 l_1^2 + \frac{1}{12} m_2 l_2^2 + m_2 r^2 & 0 \\ 0 & m_2 \end{bmatrix} \begin{bmatrix} \ddot{\theta} \\ \ddot{r} \end{bmatrix} + \begin{bmatrix} 0 & 0 \\ -m_2 r & 0 \end{bmatrix} \begin{bmatrix} \dot{\theta}^2 \\ \dot{r}^2 \end{bmatrix} +
$$

$$
\begin{bmatrix} m_2 r & m_2 r \\ 0 & 0 \end{bmatrix} \begin{bmatrix} \dot{r}\dot{\theta} \\ \dot{\theta}\dot{r} \end{bmatrix} + \begin{bmatrix} \left(m_1 g \frac{l_1}{2} + m_2 g r\right) C\theta \\ m_2 g S\theta \end{bmatrix} \tag{3.40}
$$

为简化运动方程的表述，将以上式子重写为如下符号形式：

$$\begin{bmatrix} T_i \\ T_j \end{bmatrix}=\begin{bmatrix} D_{ii} & D_{ij} \\ D_{ji} & D_{jj} \end{bmatrix}\begin{bmatrix} \ddot{\theta}_i \\ \ddot{\theta}_j \end{bmatrix}+\begin{bmatrix} D_{iii} & D_{ijj} \\ D_{jii} & D_{jjj} \end{bmatrix}\begin{bmatrix} \dot{\theta}_i^2 \\ \dot{\theta}_j^2 \end{bmatrix}+\begin{bmatrix} D_{iij} & D_{iji} \\ D_{jij} & D_{jji} \end{bmatrix}\begin{bmatrix} \dot{\theta}_i\dot{\theta}_j \\ \dot{\theta}_j\dot{\theta}_i \end{bmatrix}+\begin{bmatrix} D_i \\ D_j \end{bmatrix} \tag{3.41}$$

在这个2自由度系统运动方程中，系数 D_{ii} 表示关节 i 处的有效惯量。在关节 i 处，有加速度产生的力矩等于 $D_{ii}\ddot{\theta}_i$；系数 D_{ij} 表示关节 i 和关节 j 之间的耦合惯量，当关节 i 或关节 j 有加速度时，就在关节 j 或关节 i 处产生力矩 $D_{ij}\ddot{\theta}_j$ 或 $D_{ji}\dot{\theta}_i$；$D_{ijj}\dot{\theta}_j^2$ 项代表由于关节 j 处的速度而在关节 i 上所产生的向心力。所有 $\dot{\theta}_i\dot{\theta}_j$ 的项代表科里奥利加速度，乘以相应的惯量后就是科里奥利力。剩下的 D_i 代表关节 i 处的重力。

3.3 机器人动力学方程

机器人动力学方程常见的两种求法为拉格朗日平衡法和牛顿-欧拉动态平衡法，在3.2小节中通过例题详细地介绍了拉格朗日平衡法。本节介绍牛顿-欧拉动态平衡法，并与拉格朗日法进行比较。用牛顿-欧拉动态平衡法求如图3.8所示二连杆系统的动力学方程，其一般形式为：

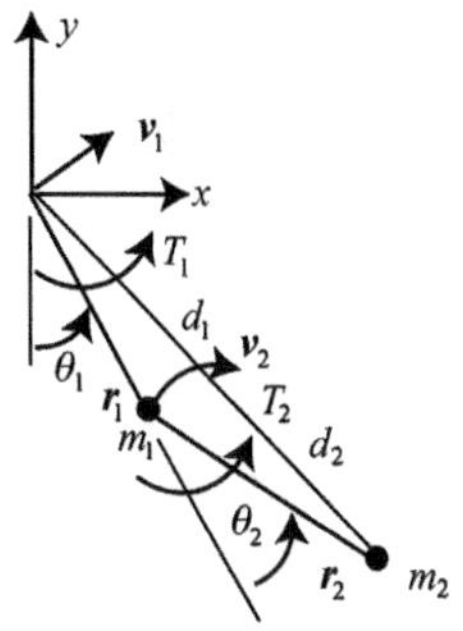

图3.8 二连杆机械手

$$\frac{\partial W}{\partial q_i}=\frac{\mathrm{d}}{\mathrm{d}t}\left(\frac{\partial K}{\partial \dot{q}_i}\right)-\frac{\partial K}{\partial q_i}+\frac{\partial D}{\partial \dot{q}_i}+\frac{\partial P}{\partial q_i}, \quad (i=1,2,\cdots,n) \tag{3.42}$$

式中，W、K、D、P 和 q_i 的含义与拉格朗日法一样；i 为连杆代号，n 为连杆数目。

质量 m_1 和 m_2 的位置矢量 $\boldsymbol{r}_1$ 和 $\boldsymbol{r}_2$（见图3.8）为：

$$\begin{aligned} \boldsymbol{r}_1&=\boldsymbol{r}_0+(d_1\cos\theta_1)\boldsymbol{i}+(d_1\sin\theta_1)\boldsymbol{j} \\ &=(d_1\cos\theta_1)\boldsymbol{i}+(d_1\sin\theta_1)\boldsymbol{j} \\ \boldsymbol{r}_2&=\boldsymbol{r}_1+[d_2\cos(\theta_1+\theta_2)]\boldsymbol{i}+[d_2\sin(\theta_1+\theta_2)]\boldsymbol{j} \\ &=[d_1\cos\theta_1+d_2\cos(\theta_1+\theta_2)]\boldsymbol{i}+[d_1\sin\theta_1+d_2\sin(\theta_1+\theta_2)]\boldsymbol{j} \end{aligned} \tag{3.43}$$

速度矢量 $\boldsymbol{v}_1$ 和 $\boldsymbol{v}_2$ 为：

$$\begin{aligned} \boldsymbol{v}_1&=\frac{\mathrm{d}\boldsymbol{r}_1}{\mathrm{d}t}=[-\dot{\theta}_1 d_1\sin\theta_1]\boldsymbol{i}+[\dot{\theta}_1 d_1\cos\theta_1]\boldsymbol{j} \\ \boldsymbol{v}_2&=\frac{\mathrm{d}\boldsymbol{r}_2}{\mathrm{d}t}=[-\dot{\theta}_1 d_1\sin\theta_1-(\dot{\theta}_1+\dot{\theta}_2)d_2\sin(\theta_1+\theta_2)]\boldsymbol{i}+ \\ &\qquad [\dot{\theta}_1 d_1\cos\theta_1+(\dot{\theta}_1+\dot{\theta}_2)d_2\cos(\theta_1+\theta_2)]\boldsymbol{j} \end{aligned} \tag{3.44}$$

再求速度的平方，计算结果为：

$$\begin{cases} v_1^2 = d_1^2\theta_1^2 \\ v_2^2 = d_1^2\dot{\theta}_1^2 + d_2^2(\dot{\theta}_1^2 + 2\dot{\theta}_1\dot{\theta}_2 + \dot{\theta}_2^2) + 2d_1d_2(\dot{\theta}_1^2 + \dot{\theta}_1\dot{\theta}_2)\cos\theta_2 \end{cases} \tag{3.45}$$

于是可得系统动能：

$$\begin{aligned} K &= \frac{1}{2}m_1v_1^2 + \frac{1}{2}m_2v_2^2 \\ &= \frac{1}{2}(m_1+m_2)d_1^2\dot{\theta}_1^2 + \frac{1}{2}m_2d_2^2(\dot{\theta}_1^2 + 2\dot{\theta}_1\dot{\theta}_2 + \dot{\theta}_2^2) + m_2d_1d_2(\dot{\theta}_1^2 + \dot{\theta}_1\dot{\theta}_2)\cos\theta_2 \end{aligned} \tag{3.46}$$

系统的势能随 $\boldsymbol{r}$ 的增大(位置下降)而减少。以坐标原点为参考点进行计算：

$$\begin{aligned} P &= -m_1g\boldsymbol{r}_1 - m_2g\boldsymbol{r}_2 \\ &= -(m_1+m_2)gd_1\cos\theta_1 - m_2gd_2\cos(\theta_1+\theta_2) \end{aligned} \tag{3.47}$$

系统耗能：

$$D = \frac{1}{2}c_1\dot{\theta}_1^2 + \frac{1}{2}c_2\dot{\theta}_2^2 \tag{3.48}$$

外力矩所做的功：

$$W = T_1\theta_1 + T_2\theta_2 \tag{3.49}$$

至此，求得关于 K、P、D 和 W 的四个标量方程式。有了这四个方程式，就能够按式(3.42)求出系统的动力学方程。为此，先求有关导数和偏导数。

当 $q_i = \theta_1$ 时，$\dfrac{\partial K}{\partial \dot{\theta}_1} = (m_1+m_2)d_1^2\dot{\theta}_1 + m_2d_2^2(\dot{\theta}_1+\dot{\theta}_2) + m_2d_1d_2(2\dot{\theta}_1+\dot{\theta}_2)\cos\theta_2$

$$\begin{aligned} \frac{\mathrm{d}}{\mathrm{d}t}\left(\frac{\partial K}{\partial \dot{\theta}_1}\right) &= (m_1+m_2)d_1^2\ddot{\theta}_1 + m_2d_2^2(\ddot{\theta}_1+\ddot{\theta}_2) + m_2d_1d_2(2\ddot{\theta}_1+\ddot{\theta}_2)\cos\theta_2 \\ &\quad - m_2d_1d_2(2\dot{\theta}_1+\dot{\theta}_2)\dot{\theta}_2\sin\theta_2 \end{aligned}$$

$$\frac{\partial K}{\partial \theta_1} = 0$$

$$\frac{\partial D}{\partial \dot{\theta}_1} = C_1\dot{\theta}_1$$

$$\frac{\partial P}{\partial \theta_1} = (m_1+m_2)gd_1\sin\theta_1 + m_2d_2g\sin(\theta_1+\theta_2)$$

$$\frac{\partial W}{\partial \theta_1}=T_1$$

把所求得的上列各导数代入式(3.42)，经合并整理可得：

$$\begin{aligned}T_1=&[(m_1+m_2)d_1^2+m_2d_2^2+2m_2d_1d_2\cos\theta_2]\ddot{\theta}_1+\\&[m_2d_2^2+m_2d_1d_2\cos\theta_2]\ddot{\theta}_2+C_1\dot{\theta}_1-(2m_1d_1d_2\sin\theta_2)\dot{\theta}_1\dot{\theta}_2-\\&(m_2d_1d_2\sin\theta_2)\dot{\theta}_2^2+[(m_1+m_2)gd_1\sin\theta_1+m_2d_2g\sin(\theta_1+\theta_2)]\end{aligned}\tag{3.50}$$

当 $q_i=\theta_2$ 时，

$$\frac{\partial K}{\partial \dot{\theta}_2}=m_2d_2^2(\dot{\theta}_1+\dot{\theta}_2)+m_2d_1d_2\dot{\theta}_1\cos\theta_2$$

$$\frac{\mathrm{d}}{\mathrm{d}t}\left(\frac{\partial K}{\partial \dot{\theta}_2}\right)=m_2d_2^2(\ddot{\theta}_1+\ddot{\theta}_2)+m_2d_1d_2\ddot{\theta}_1\cos\theta_2-m_2d_1d_2\dot{\theta}_1\dot{\theta}_2\sin\theta_2$$

$$\frac{\partial K}{\partial \theta_2}=-m_2d_1d_2(\dot{\theta}_1^2+\dot{\theta}_1\dot{\theta}_2)\sin\theta_2$$

$$\frac{\partial D}{\partial \dot{\theta}_2}=C_2\dot{\theta}_2$$

$$\frac{\partial P}{\partial \dot{\theta}_2}=m_2gd_2\sin(\theta_1+\theta_2)$$

$$\frac{\partial W}{\partial \theta_2}=T_2$$

把上例各式代入式(3.42)，并化简得：

$$T_2=(m_2d_2^2+m_2d_1d_2\cos\theta_2)\ddot{\theta}_1+m_2d_2^2\ddot{\theta}_2+m_2d_1d_2\sin\theta_2\dot{\theta}_1^2+C_2\dot{\theta}_2+m_2gd_2\sin(\theta_1+\theta_2)\tag{3.51}$$

比较式(3.26)中的 T_1、T_2 与式(3.50)式(3.51)可知，如果不考虑摩擦损耗，那么式(3.26)中的 T_1 与式(3.50)完全一致，式(3.26)中的 T_2 与式(3.51)完全一致。在式(3.26)中没有考虑摩擦所消耗的能量，而式(3.50)和式(3.51)则考虑了这一损耗。因此，所求两种结果出现了这一差别。

3.4 机器人动力学分析

机器人是一个非线性的复杂动力学系统。动力学问题的求解比较困难，而且需要较长的运算时间，因此简化解的过程，最大程度减少工业机器人动力学在线计算的时间是一个受到关注的研究课题。机器人动力学问题有以下两类。

(1) 给出已知轨迹点上的 θ、$\dot{\theta}$ 及 $\ddot{\theta}$，即机器人关节位置、速度、加速度，求相应的关节力矩矢量 $\boldsymbol{\tau}$。这对实现机器人动态控制是相当有用的。

(2) 已知关节驱动力矩，求机器人系统相应各瞬时的运动。也就是说，给出关节力矩矢量 $\boldsymbol{\tau}$，求机器人所产生的运动 θ、$\dot{\theta}$ 及 $\ddot{\theta}$。这对模拟机器人的运动是非常有用的。

3.4.1 机器人动力学方程的推导过程

机器人是结构复杂的连杆系统，一般采用齐次变换的方法，用拉格朗日方程建立其系统动力学方程，对其位姿和运动状态进行描述。机器人动力学方程的具体推导过程如下：

(1) 选取坐标系，选定完全而且独立的广义关节变量 q_i，$(i=1, 2, \cdots, n)$。

(2) 选定相应关节上的广义力 F_i；当 q_i 是位移变量时，F_i 为力；当 q_i 是角速度变量时，F_i 为力矩。

(3) 求出机器人各构件的动能和势能，构造拉格朗日函数。

(4) 代入拉格朗日方程求得机器人系统的动力学方程。

详细求解过程见前两小节，在此不做过多赘述。

3.4.2 关节空间和操作空间动力学

1. 关节空间和操作空间

n 个自由度操作臂的末端位姿 X 由 n 个关节变量所决定，这 n 个关节变量也称为 n 维关节矢量 $\boldsymbol{q}$，所有关节矢量 $\boldsymbol{q}$ 构成了关节空间。末端执行器的作业是在直角坐标空间中进行的，即操作臂末端位姿 X 是在直角坐标空间中描述的，因此把这个空间称为操作空间。运动学方程 $X=X(\boldsymbol{q})$ 就是关节空间向操作空间的映射；而运动学逆解则是由映射求其在关节空间中的原像。在关节空间和操作空间，操作臂动力学方程有不同的表示形式，并且两者之间存在着一定的对应关系。

2. 关节空间的动力学方程

以如图 3.9 所示的二自由度机器人为例，关节 1 和关节 2 相应的力矩是 $\boldsymbol{\tau}_1$ 和 $\boldsymbol{\tau}_2$。

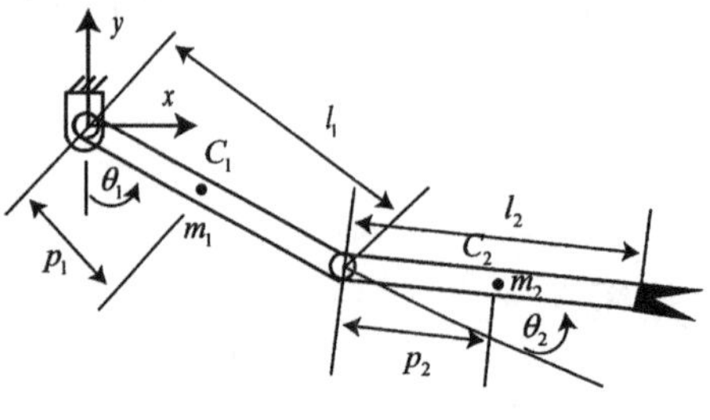

图 3.9 二自由度机器人

可以得到：

$$
\begin{aligned}
\tau_1 &= \frac{\mathrm{d}}{\mathrm{d}t}\left(\frac{\partial L}{\partial \dot{\theta}_1}\right) - \frac{\partial L}{\partial \theta_1} \\
&= (m_1 p_1^2 + m_2 p_2^2 + m_2 l_1^2 + 2m_2 l_1 p_2 C\theta_2)\ddot{\theta}_1 + (m_2 p_2^2 + m_2 l_1 p_2 C\theta_2)\ddot{\theta}_2 + \\
&\quad (-2m_2 l_1 p_2 S\theta_2)\dot{\theta}_1\dot{\theta}_2 + (-m_2 l_1 p_2 S\theta_2)\dot{\theta}_2^2 + (m_1 p_1 + m_2 l_1) g S\theta_1 + m_2 p_2 g S_{12} \\
\tau_2 &= \frac{\mathrm{d}}{\mathrm{d}t}\left(\frac{\partial L}{\partial \dot{\theta}_2}\right) - \frac{\partial L}{\partial \theta_2} = (m_2 p_2^2 + m_2 l_1 p_2 C\theta_2)\ddot{\theta}_1 + m_2 p_2^2 \ddot{\theta}_2 + \\
&\quad (-m_2 l_1 p_2 S\theta_2 + m_2 l_1 p_2 S\theta_2)\dot{\theta}_1\dot{\theta}_2 + (m_2 l_1 p_2 S\theta_2)\dot{\theta}_1^2 + m_2 g p_2 S_{12}
\end{aligned}
\tag{3.52}
$$

上式可简写为：

$$\tau_1 = D_{11}\ddot{\theta}_1 + D_{12}\ddot{\theta}_2 + D_{112}\dot{\theta}_1\dot{\theta}_2 + D_{122}\dot{\theta}_2^2 + D_1 \tag{3.53}$$

$$\tau_2 = D_{21}\ddot{\theta}_1 + D_{22}\ddot{\theta}_2 + D_{212}\dot{\theta}_1\dot{\theta}_2 + D_{222}\dot{\theta}_1^2 + D_2 \tag{3.54}$$

将式(3.53)、式(3.54)写成矩阵形式：

$$\boldsymbol{\tau} = D(\boldsymbol{q})\ddot{\boldsymbol{q}} + H(\boldsymbol{q}, \dot{\boldsymbol{q}}) + G(\boldsymbol{q}) \tag{3.55}$$

式中：

$$\boldsymbol{\tau} = \begin{bmatrix} \tau_1 \\ \tau_2 \end{bmatrix};\quad \boldsymbol{q} = \begin{bmatrix} \theta_1 \\ \theta_2 \end{bmatrix};\quad \dot{\boldsymbol{q}} = \begin{bmatrix} \dot{\theta}_1 \\ \dot{\theta}_2 \end{bmatrix};\quad \ddot{\boldsymbol{q}} = \begin{bmatrix} \ddot{\theta}_1 \\ \ddot{\theta}_2 \end{bmatrix}$$

所以

$$D(\boldsymbol{q}) = \begin{bmatrix} m_1 p_1^2 + m_2(l_1^2 + p_2^2 + 2l_1 p_2 C\theta_2) & m_2(p_2^2 + l_1 p_2 C\theta_2) \\ m_2(p_2^2 + l_1 p_2 C\theta_2) & m_2 p_2^2 \end{bmatrix} \tag{3.56}$$

$$H(\boldsymbol{q}, \dot{\boldsymbol{q}}) = \begin{bmatrix} -m_2 l_1 p_2 S\theta_2 \dot{\theta}_2^2 - 2m_2 l_1 p_2 S\theta_2 \dot{\theta}_1\dot{\theta}_2 \\ m_2 l_1 p_2 S\theta_2 \dot{\theta}_1^2 \end{bmatrix} \tag{3.57}$$

$$G(\boldsymbol{q}) = \begin{bmatrix} (m_1 p_1 + m_2 l_1) g S\theta_1 + m_2 p_2 g S_{12} \\ m_2 p_2 g S_{12} \end{bmatrix} \tag{3.58}$$

式(3.55)就是操作臂在关节空间的动力学方程的一般结构形式，它反映了关节力矩与关节变量、速度、加速度之间的函数关系。对于 n 个关节的操作臂，$D(\boldsymbol{q})$ 是 $n\times n$ 的正定对称矩阵，是 $\boldsymbol{q}$ 的函数，称为操作臂的惯性矩阵；$H(\boldsymbol{q}, \dot{\boldsymbol{q}})$ 是 $n\times 1$ 的离心力和科氏力矢量；$G(\boldsymbol{q})$ 是 $n\times 1$ 的重力矢量，与操作臂的形位 q 有关。

3. 操作空间动力学方程

与关节空间动力学方程相对应，在直角坐标操作空间中可以用直角坐标变量，即末端操作器位姿的矢量 $\boldsymbol{X}$ 表示机器人动力学方程。因此，操作力 $\boldsymbol{F}$ 与末端加速度 $\ddot{\boldsymbol{X}}$ 之间的关系可表示为：

$$\boldsymbol{F}=\boldsymbol{M}_x(\boldsymbol{q})\ddot{\boldsymbol{X}}+\boldsymbol{U}_x(\boldsymbol{q},\dot{\boldsymbol{q}})+\boldsymbol{G}_x(\boldsymbol{q}) \tag{3.59}$$

式中，$\boldsymbol{M}_x(\boldsymbol{q})\ddot{\boldsymbol{X}}$、$\boldsymbol{U}_x(\boldsymbol{q},\dot{\boldsymbol{q}})$、$\boldsymbol{G}_x(\boldsymbol{q})$ 分别为操作空间惯性矩阵、离心力和科氏力矢量、重力矢量，它们都是在操作空间中表示的；$\boldsymbol{F}$ 为广义操作力矢量。

关节空间动力学方程和操作空间动力学方程之间的对应关系可以转化为广义操作力 $\boldsymbol{F}$ 与广义关节力矩 $\boldsymbol{\tau}$ 之间的关系。

$$\boldsymbol{\tau}=J^{\mathrm{T}}(\boldsymbol{q})\boldsymbol{F} \tag{3.60}$$

操作空间与关节空间之间的速度、加速度的关系可以由式(3.61)求出。

$$\left.\begin{aligned}\dot{\boldsymbol{X}}&=J(\boldsymbol{q})\dot{\boldsymbol{q}}\\ \ddot{\boldsymbol{X}}&=J(\boldsymbol{q})\ddot{\boldsymbol{q}}+\dot{J}(\boldsymbol{q})\dot{\boldsymbol{q}}\end{aligned}\right\} \tag{3.61}$$

3.5 坐标系间力与力矩的变换

假设有两个坐标系固连在一个物体上，有一个力和力矩作用在该物体上，并在其中的一个坐标系中表述。同样，可以利用虚功原理来求出相对于另一坐标系的等效力和力矩，使它们对物体的作用效果相同。为此，定义 $\boldsymbol{F}$ 为作用在物体上的力和力矩，$\boldsymbol{D}$ 为由这些力和力矩引起的相对于同一参考坐标系的位移：

$$[\boldsymbol{F}]^{\mathrm{T}}=[f_X,\ f_Y,\ f_Z,\ m_X,\ m_Y,\ m_Z] \tag{3.62}$$

$$[\boldsymbol{D}]^{\mathrm{T}}=[d_X,\ d_Y,\ d_Z,\ \delta_X,\ \delta_Y,\ \delta_Z] \tag{3.63}$$

同时，定义 ${}^B\boldsymbol{F}$ 是相对坐标系 B 作用在物体上的力和力矩，${}^B\boldsymbol{D}$ 是相对同一坐标系 B 的由上述力和力矩引起的位移：

$$[{}^B\boldsymbol{F}]^{\mathrm{T}}=[{}^Bf_X,\ {}^Bf_Y,\ {}^Bf_Z,\ {}^Bm_X,\ {}^Bm_Y,\ {}^Bm_Z] \tag{3.64}$$

$$[{}^B\boldsymbol{D}]^{\mathrm{T}}=[{}^Bd_X,\ {}^Bd_Y,\ {}^Bd_Z,\ {}^B\delta_X,\ {}^B\delta_Y,\ {}^B\delta_Z] \tag{3.65}$$

由于不论在哪个坐标系，作用在物体上总的虚功必须相同，所以有：

$$\delta\boldsymbol{W}=[\boldsymbol{F}]^{\mathrm{T}}[\boldsymbol{D}]=[{}^B\boldsymbol{F}]^{\mathrm{T}}[{}^B\boldsymbol{D}] \tag{3.66}$$

相对两个坐标系的位移有如下的相互关系：

$$[{}^{B}\boldsymbol{D}]=[{}^{B}\boldsymbol{J}][\boldsymbol{D}] \tag{3.67}$$

将式(3.66)代入式(3.65)，结果为：

$$[\boldsymbol{F}]^{\mathrm{T}}[\boldsymbol{D}]=[{}^{B}\boldsymbol{F}]^{\mathrm{T}}[{}^{B}\boldsymbol{J}][\boldsymbol{D}] \text{ 或 } [\boldsymbol{F}]^{\mathrm{T}}=[{}^{B}\boldsymbol{F}]^{\mathrm{T}}[{}^{B}\boldsymbol{J}] \tag{3.68}$$

上式可重写为：

$$[\boldsymbol{F}]=[{}^{B}\boldsymbol{J}]^{\mathrm{T}}[{}^{B}\boldsymbol{F}] \tag{3.69}$$

不需要计算相对于 B 坐标系的雅可比矩阵，也可以直接从下式得到相对 B 坐标系的力和力矩：

$$\begin{aligned}
{}^{B}f_{X}&=\boldsymbol{n}\cdot\boldsymbol{f}\\
{}^{B}f_{Y}&=\boldsymbol{o}\cdot\boldsymbol{f}\\
{}^{B}f_{Z}&=\boldsymbol{a}\cdot\boldsymbol{f}\\
{}^{B}m_{X}&=\boldsymbol{n}\cdot[(\boldsymbol{f}\times\boldsymbol{p})+\boldsymbol{m}]\\
{}^{B}m_{Y}&=\boldsymbol{o}\cdot[(\boldsymbol{f}\times\boldsymbol{p})+\boldsymbol{m}]\\
{}^{B}m_{Z}&=\boldsymbol{a}\cdot[(\boldsymbol{f}\times\boldsymbol{p})+\boldsymbol{m}]
\end{aligned} \tag{3.70}$$

使用这些关系式，可以求出不同坐标系下等效的力和力矩，它们对物体的作用效果相同。

第 4 章　轨迹规划

4.1 轨迹规划的基本原理

4.1.1 轨迹规划的概念

轨迹规划是指已知作业任务的要求，在笛卡儿空间或者关节空间内规划出机器人末端的运行轨迹，也就是要建立机器人在运动过程中时间与空间的函数关系。在轨迹规划上，还要考虑机器人的性能。所以，工业机器人的轨迹规划一般表示为位移、速度、加速度等运动量关于时间的函数，该函数可以精确地描述工业机器人在任意时间的位置信息和姿态信息。

在轨迹规划过程中，通常还需要根据工作要求和已知的信息，来选择真正合适的插值曲线。举例来说，如果是基于点对点运动的轨迹规划，如搬运物料、装配和加工等，一般选择直线、多项式曲线、S 形曲线作为它的插值曲线；若是面向连续路径的轨迹规划，如自动化装配、焊装、喷涂等，一般选择圆弧、B 样条曲线作为它的插值曲线。而后，将其经运动学反解后映射到关节空间，将关节变量发送到控制器以取得控制各个关节运动到要求的位姿。

4.1.2 轨迹规划的一般性问题

机器人作业可以描述成工具坐标系 $\{T\}$ 相对于工件坐标系 $\{S\}$ 的一系列运动。例如，图 4.1 所示为将销插入工件孔中的作业。可以借助工具坐标系的一系列位姿 ($i=1, 2, \cdots, n$) 来对其描述。这种描述方法不仅符合机器人用户考虑问题的思路，而且有利于描述和生成机器人的运动轨迹。

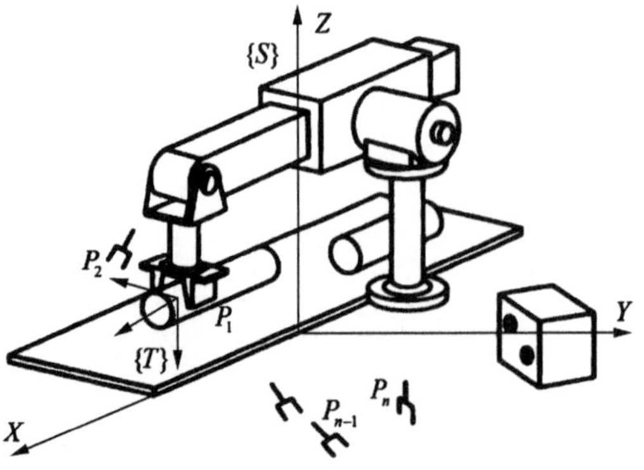

图 4.1　机器人将销插入工件孔中的作业描述

相对于工件坐标系的运动，用工具坐标

系来描述作业路径是一种通用的作业描述方法。它把作业路径描述与具体的机器人、手爪或工具分离开来，形成了模型化的作业描述方法，从而使这种描述既适用于不同的机器人，也适用于在同一机器人上装夹不同规格的工具。有了这种描述方法就可以把如图4.2所示的机器人从初始状态运动到终止状态的作业看作是工具坐标系从初始位置 $\{T_0\}$ 变化到终止位置 $\{T_f\}$ 的坐标变换。显然，这种变换与具体机器人无关。一般情况下，这种变换包含了工具坐标系位置和姿态的变化。

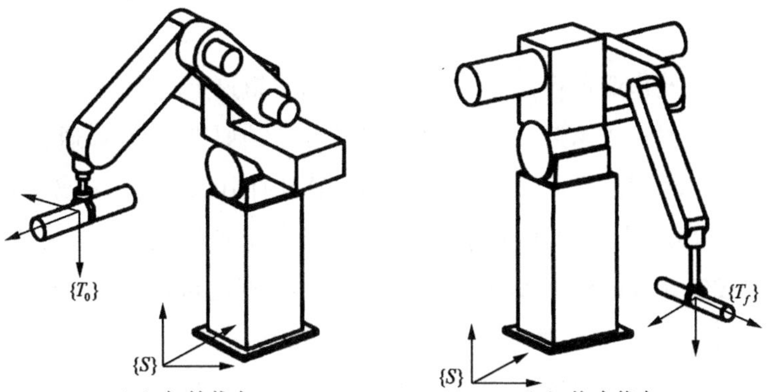

(a) 初始状态　　(b) 终止状态

图 4.2　机器人的初始状态和终止状态

在轨迹规划中，为叙述方便也常用点来表示机器人的状态，或用点来表示工具坐标系的位姿，例如起始点、终止点就分别表示工具坐标系的起始位姿及终止位姿。

为了更详细地描述运动时，不仅要规定机器人的起始点和终止点，而且要给出介于起始点和终止点之间的中间点，也称路径点。这时，运动轨迹除了位姿约束外，还存在着各路径点之间的时间分配问题。例如，在规定路径的同时，必须给出两个路径点之间的运动时间。

机器人的运动应当平稳，不平稳的运动将加剧机械部件的磨损，并导致机器人的振动和冲击。为此，要求所选择的运动轨迹描述函数必须连续，而且它的一阶导数(速度)，有时甚至二阶导数(加速度)也应该连续。

4.1.3 轨迹的生成方式

运动轨迹的描述或生成有以下几种方式：

(1) 示教-再现运动。这种运动由人手把手示教机器人，定时记录各关节变量，得到沿路径运动时各关节的位移-时间函数 $Q(t)$；再现时，按内存中记录的各点的值产生序列动作。

(2) 关节空间运动。这种运动直接在关节空间里进行。由于动力学参数及其极限值直接在关节空间里描述，所以用这种方式求最短时间运动很方便。

（3）空间直线运动。这是一种直角空间里的运动，便于描述空间操作，计算量小，适用于简单的作业。

（4）空间曲线运动。这是一种在描述空间中用明确的函数来表达的运动，如圆周运动、螺旋运动等。

4.1.4 轨迹规划涉及的主要问题

为了描述一个完整的作业，往往需要将上述运动进行组合。通常这种规划涉及以下几方面的问题：

（1）对工作对象及作业进行描述，用示教方法给出轨迹上的若干个点。

（2）用一条轨迹通过或逼近节点，此轨迹可按一定的原则优化，如通过加速度平滑得到直角空间的位移-时间函数 $X(t)$ 或关节空间的位移-时间函数 $Q(t)$；或在节点之间进行插补，即根据轨迹表达式在每一个采样周期实时计算轨迹上点的位姿和各关节变量值。

（3）以上生成的轨迹是机器人位置控制的给定值，据此可以结合机器人的动态参数设计一定的控制规律。

（4）规划机器人的运动轨迹时，需明确其路径上是否存在障碍约束的组合。一般将机器人的规划与控制方式分为四种情况，如表 4.1 所示。

表 4.1　机器人的规划与控制方式

约束方式		障碍约束：有	障碍约束：无
路径约束	有	离线无碰撞路径规则＋在线路径跟踪	离线路径规划＋在线路径跟踪
路径约束	无	位置控制＋在线障碍探测和避障	位置控制

4.2 轨迹规划的分类

4.2.1 按优化目标分类

如果以是否采用优化算法从而寻求最优轨迹作为分类依据，那么工业机器人的轨迹规划方法将分为基本轨迹规划方法和最优轨迹规划方法。

基本轨迹规划方法是一种简单直接的运动轨迹规划方法，通常用插值来生成运动轨迹，常用直线、圆弧、多项式曲线、S 形曲线和 B 样条式曲线等作为插值曲线。基本轨迹规划适用于简单的运动任务和环境，不涉及复杂的约束条件或优化目标，常用于快速生成运动轨迹的基本规划。

最优轨迹规划是在给定约束条件下寻找最优解的运动规划方法，涉及目标函数和优化算法，通常有 3 个优化目标：时间、冲击和能耗。最优轨迹规划方法更加复杂且计算密集，通常需要考虑系统的动力学模型、约束条件和目标函数的选择，适用于需要考虑运动质量、能耗和时间最短等优化目标的复杂运动任务，常用于工业机器人、自动驾驶车辆等需要高效运动控制的领域。

近年来，由于对工业机器人工作质量要求的提高，一般都需要在做完基本的轨迹规划后，再通过智能算法来寻求最优轨迹。

4.2.2　按规划空间分类

如果以规划变量的求解空间作为分类依据，那么工业机器人的轨迹规划将分为笛卡儿空间轨迹规划和关节空间轨迹规划。

笛卡儿空间轨迹规划是指在直角坐标系中规划运动轨迹，使得机器人或其他运动系统能够在给定的起始点和目标点之间执行运动。在直角坐标系中，位置用坐标（x，y，z）来表示，规划轨迹就是确定这些坐标随时间的变化。笛卡儿空间轨迹规划的对象一般是工业机器人末端执行器的运动量，如位移、速度、加速度等，这些运动量可以直观清楚地反映机器人末端执行器的运动情况。但是，一般需要通过求运动学逆解来得到机器人关节的运动信息，这些信息才可作为机器人运动的输入量。

关节空间轨迹规划是指在机器人或运动系统的关节空间中规划运动轨迹，即确定各个关节角度随时间的变化，以实现所需的运动任务。相比于笛卡儿空间轨迹规划，关节空间轨迹规划更加直接，能够更精确地控制机器人的运动。关节空间轨迹规划的对象是机器人的关节变量、关节角速度、关节角加速度等运动量，因此关节空间轨迹规划所求得的运动信息可以直接作为机器人运动的输入量，不必进行求运动学逆解，可以减少轨迹规划的工作量和计算时间。但是，关节空间轨迹规划并不能直观地体现出机器人末端执行器的运动轨迹，也未对其运动轨迹施加约束。

特别需要注意的是，对于不同的应用场景和工作需求，可能需要结合具体情况来选择合适的轨迹规划方法和算法。为了便于使用，目前的机器人通常采用关节空间轨迹规划，只有在机器人的末端轨迹有特殊要求时才会采用笛卡儿空间轨迹规划。

4.3　基本轨迹规划方法

工业机器人的基本轨迹规划方法主要有点到点运动轨迹规划和连续路径轨迹规划。点到点运动轨迹规划是通过规划系统中从一个点到另一个点的运动轨迹来实现目标，适用于需要从一个固定的起始点到达目标点的简单运动任务，如机械臂从初始位置移动到指定位置的操作。连续路径轨迹规划是在运动系统的连续路径上进行规划，通过插值或优化技术生成平滑的运动轨迹，适用于需要运动系统在连续路径上进行运动的任务，如曲线运动、圆弧运动或自由度连续变化的运动。

4.3.1 点到点的运动轨迹规划

在工业机器人中，点到点运动轨迹规划是一种常见的轨迹规划方法，用于实现从一个点到另一个点的平滑运动，适用于那些需要机器人在不同位置之间进行准确定位的任务，如物料搬运、装配、加工等。工业机器人的点到点运动轨迹规划通常采用的插值曲线有直线、多项式曲线、S形曲线等。

1. 直线轨迹规划

直线轨迹规划是一种常见的运动规划方法，用于确定机器人在笛卡儿空间中沿直线路径运动的轨迹。直线轨迹规划一般采用将归一化后的直线等距或等时插补得到，其插补算法为：

$$\begin{cases} x = x_0 + \lambda(x_n - x_0) \\ y = y_0 + \lambda(y_n - y_0) \\ z = z_0 + \lambda(z_n - z_0) \\ \alpha = \alpha_0 + \lambda(\alpha_n - \alpha_0) \\ \beta = \beta_0 + \lambda(\beta_n - \beta_0) \\ \gamma = \gamma_0 + \lambda(\gamma_n - \gamma_0) \end{cases} \tag{4.1}$$

式中，x_0、y_0、z_0、α_0、β_0、γ_0 为机器人末端的初始位姿；x_n、y_n、z_n、α_n、β_n、γ_n 为机器人末端的终止位姿；λ 为归一化算子，其轨迹即为初始点到终止点的直线。

在规划工业机器人的直线轨迹时，系统中的起始位置和目标位置用齐次变换矩阵表示，工作点之间用线段插值，直线之间用抛物线平滑过渡。为了保证机器人末端直线运动的连续性，国内外研究人员提出了直线加减速的规划方法。其位置、速度、加速度曲线如图 4.3所示。

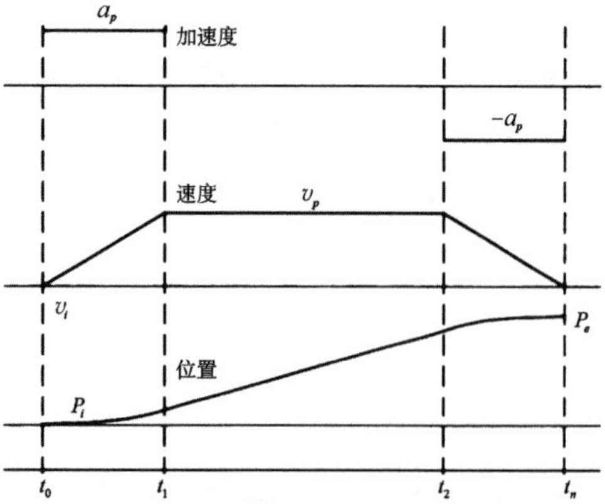

图 4.3 直线加减速规划的位置、速度、加速度曲线

从图 4.3 中可以看出，该方法包括三个阶段：加速阶段、匀速阶段和减速阶段：

(1) 加速阶段。在 $t_0 \sim t_1$ 阶段，机器人末端的加速度为 a_p 且保持恒定，速度由 v_i 增加至 v_p，机器人末端从初始位置 P_i 开始运行。

(2) 匀速阶段。在 $t_1 \sim t_2$ 阶段，机器人末端的加速度为 0；速度以 v_p 稳定运行。

(3) 减速阶段。在 $t_2 \sim t_n$ 阶段，机器人末端

的加速度为 $-a_p$ 且保持恒定；速度由 v_p 减小至 v_i；机器人末端刚好运动至目标位置 P_e。

这种规划方法可以确保机器人在直线运动过程中平滑地加速和减速，避免突然变化和冲击，提高运动的质量和控制精度。需要注意的是，直线加减速轨迹规划仅适用于简单直线运动的情况。在复杂的路径规划中，可能需要考虑更复杂的插值方法和优化算法，以实现平滑轨迹和避开障碍物。

2. 多项式曲线轨迹规划

多项式曲线轨迹规划是一种常见的轨迹规划方法，使用多项式函数来描述机器人或移动物体的轨迹，这种方法通常用于生成平滑的、连续的轨迹，具有良好的运动控制性能。多项式曲线轨迹规划的基本思想是根据运动约束条件，通过选择适当的多项式函数来表示轨迹，然后确定多项式的系数以满足约束条件，通常采用的插值函数为 3 次到 7 次多项式，如果多项式次数过高，将会在插值区域两端出现龙格现象。

3. S形曲线轨迹规划

S形曲线轨迹规划是一种常见的轨迹规划方法，用于实现平滑的加速、匀速和减速过程，常用于机器人控制、自动化系统和运动控制等领域。典型的S形曲线的速度、加速度、冲击曲线如图 4.4 所示。

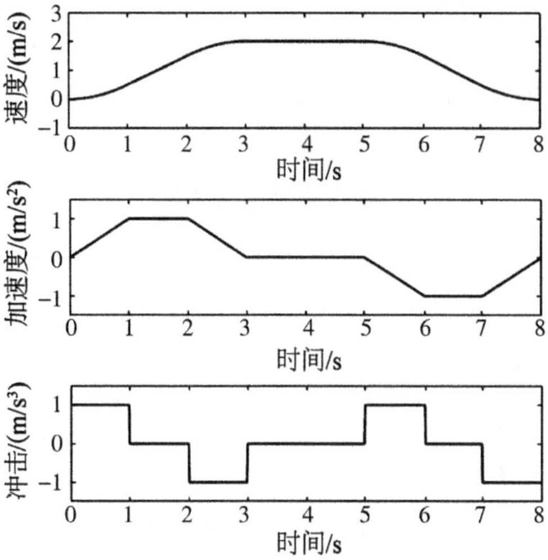

图 4.4　典型S形曲线的速度、加速度、冲击曲线

S形曲线轨迹规划通常包括三个阶段：

（1）加速阶段。在此阶段中，机器人逐渐增加速度以实现加速。加速阶段的持续时间取决于所需的最大加速度和期望的速度增量。

（2）匀速阶段。一旦机器人达到期望的最大速度，它将保持匀速运动。匀速阶段的持续时间取决于所需的匀速运动时间。

（3）减速阶段。在此阶段中，机器人逐渐减小速度以实现减速。减速阶段的持续时间与加速阶段的时间相等，以确保平滑地过渡。

S形曲线轨迹规划可以实现平滑的加速、匀速以及减速过程，避免机器人或系统的冲击和突然变化。这种方法常用于工业机器人、自动化设备和运动控制系统中，可实现精确、稳定的轨迹控制。

4.3.2　连续路径轨迹规划

在工业机器人中，连续路径轨迹规划是指机器人末端执行器沿着一条连续曲线或路径运动的规划方法。这种轨迹规划方法可以应用于各种工业应用，如自动化装配、焊接、喷涂等。工业机器人的连续路径轨迹规划通常采用的插值曲线有圆弧、B样条曲线。

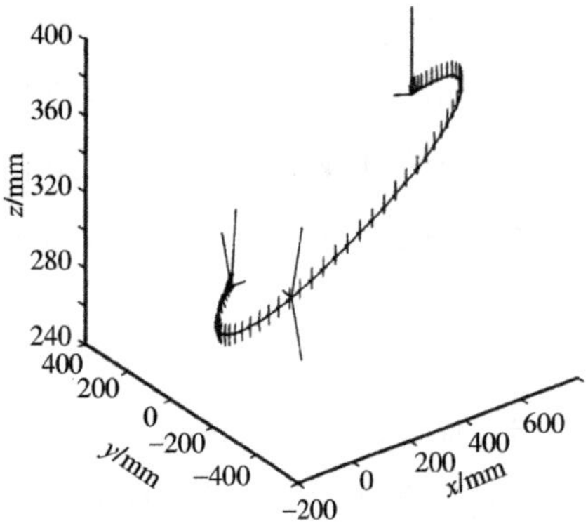

图 4.5　空间圆弧插补轨迹

1. 圆弧轨迹规划

圆弧轨迹规划是工业机器人中常用的轨迹规划方法之一，用于实现机器人末端执行器沿着圆弧路径进行运动，一般可以分为空间圆弧轨迹规划和平面圆弧轨迹规划，具有很多实用的优良特性。空间圆弧插补轨迹如图 4.5 所示。

圆弧轨迹规划可以实现平滑的运动轨迹，减少机器人在路径上的振动和冲击，提高运动的稳定性和精度；圆弧轨迹规划可以通过优化路径来实现更高的运动效率，减少机器人的运动时间和能耗；圆弧轨迹规划可以利用机器人工作空间的曲线区域，从而在有限的空间内完成更复杂的任务；圆弧轨迹规划可以适应不同形状和大小的工件，因此适用于各种应用领域，如焊接、切割、喷涂、装配等。

然而，与直线轨迹规划相比，圆弧轨迹规划的算法和计算复杂度较高，需要更多的计算资源和时间，并且圆弧轨迹规划对环境的要求较高，需要确保机器人周围没有障碍物，并且工作空间充足。

2. B 样条曲线轨迹规划

B 样条曲线轨迹规划是一种常用的曲线插值和逼近方法，可用于轨迹规划的插值曲线。B 样条曲线轨迹规划在工业机器人中被广泛采用，用于实现平滑的运动轨迹，其曲线方程可表示为：

$$p(u)=\sum_{i=0}^{n} d_i N_{i,k}(u) \tag{4.2}$$

式中，n 为轨迹段数；d_i 为控制顶点；$N_{i,k}$ 为 k 次规范 B 样条基函数。

B 样条曲线具有平滑的特性，可以实现机器人在运动过程中的平滑变化，减少振动和冲击，提高运动的稳定性和精度。B 样条曲线可以逼近复杂的曲线形状，并允许调整控制点的位置和权重，满足不同的轨迹要求。B 样条曲线具有高阶连续性，即一阶、二阶或更高阶的连续性，可以满足不同应用对曲线平滑性和连续性的要求。所以，B 样条曲线在需要完成精确曲线路径的应用中特别有用，例如曲线焊接、轮廓切割和喷涂等。

然而，B 样条曲线轨迹规划的计算复杂度较高，尤其是在处理大量控制点和高阶连续性要求时，需要更多的计算资源和时间。此外，B 样条曲线的逼近精度还受控制点密度和曲线阶数的影响。

4.4 关节空间描述与笛卡儿空间描述

现考虑一个六轴机器人从空间位置 A 点向 B 点运动。利用机器人逆运动学方程，可以计算出机器人到达新位置时关节的总位移,机器人控制器利用所算出的关节值驱动机器人到达新的关节值,从而使机器人手臂运动到新的位置。采用关节量来描述机器人的运动称为关节空间描述。

假设在 A、B 两点之间画一条直线,希望机器人从 A 点沿该直线运动到 B 点。为达到此目的,需将图 4.6 中所示的直线分为许多小段,并使机器人的运动经过所有中间点。

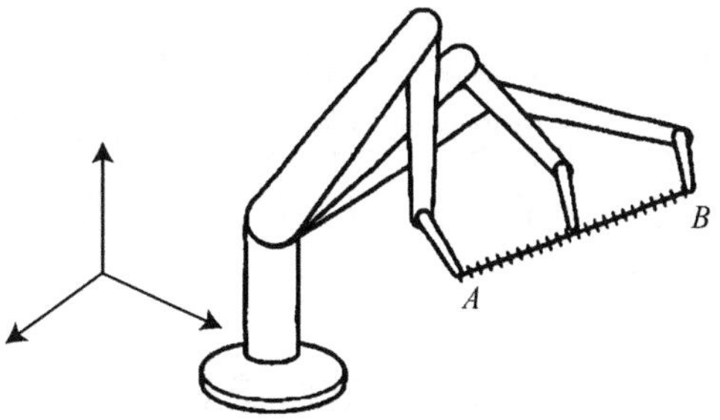

图 4.6　机器人沿直线的依次运动

为完成这一任务,在每个中间点处都要求解机器人的逆运动学方程,计算出一系列的关节量,然后由控制器驱动关节到达下一目标点。当所有线段都执行完毕后,机器人便到达所希望的 B 点。然而在该例中,与前面提到的关节点描述不同,机器人在所有时刻的位移运动都是已知的。机器人所产生的运动序列首先在笛卡儿空间中进行描述,然后转化为关节空间的描述。由这个简单例子可以看出,笛卡儿空间描述的计算量远远大于关节空间描述,然而使用该方法能得到一条可控且可预知的路径。关节空间和笛卡儿空间这两种描述都有用,且都已经应用于工业实际生产中,然而这每种方法各有其长处与不足。

由于笛卡儿空间轨迹在常见的笛卡儿空间中表示,因此非常直观,人们能很容易地看到机器人末端执行器的轨迹。然而,笛卡儿空间轨迹计算量大,需要较快的处理速度才能得到类似关节空间轨迹的计算精度。此外,虽然在笛卡儿空间的轨迹非常直观,但难以确保不存在奇异点。例如在图 4.7(a)中,如稍不注意就可能使指定的轨迹穿入机器人自身,或使轨迹到达工作空间之外,工程中这些情况不能发生,而且也不用求解。由于在机器人运动之前无法事先得知其位姿,这种情况完全有可能发生。此外,如图 4.7(b)所示,两点间的运动有可能使机器人关节值发生突变,这也不能发生。对于上述一些问题,可以指定机器人必须通过的中间点来避开障碍物或其他奇异点。

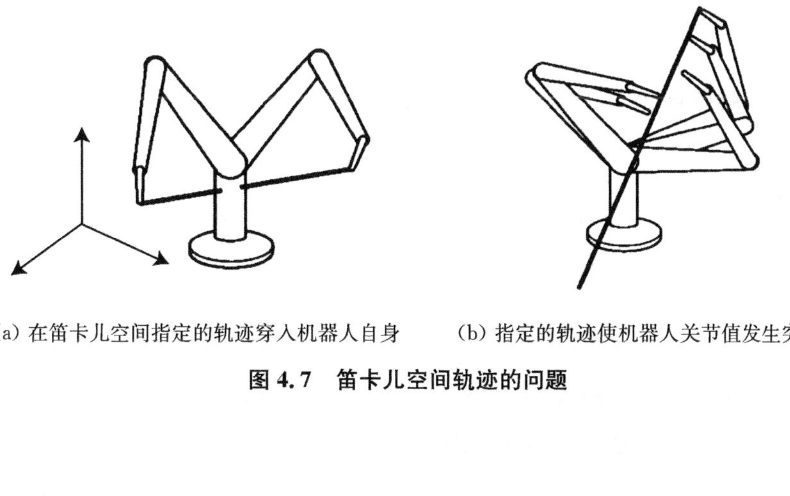

(a) 在笛卡儿空间指定的轨迹穿入机器人自身　　(b) 指定的轨迹使机器人关节值发生突变

图 4.7　笛卡儿空间轨迹的问题

4.5 关节空间的轨迹规划

本节将讲解如何利用受控参数在关节空间中规划机器人的运动，有许多不同阶次的多项式函数及抛物线过渡的线性函数可用于实现这个目的。下面将具体讨论在关节空间中轨迹规划的一些方法。需要说明的是，这些轨迹规划的给定点均为关节量而非直角坐标量。

4.5.1 三次多项式轨迹规划

假设机器人的初始位姿是已知的，通过求解逆运动学方程可求得机器人期望末端位姿对应的关节角。若考虑其中某一关节在运动开始时刻 t_i 的角度为 θ_i，希望该关节在运动时刻 t_f 到新的角度 θ_f。规划轨迹的一种方法是使用多项式函数使初始和末端的边界条件与已知条件相匹配，这些已知条件为 θ_i 和 θ_f 及机器人在运动开始和结束时的速度(通常为 0 或其他已知数值)，则这四个已知信息可用来求解下列三次多项式方程中的四个未知量，具体公式如下：

$$\theta(t)=c_0+c_1t+c_2t^2+c_3t^3 \tag{4.3}$$

这里的初始和末端条件是：

$$\begin{cases}\theta(t_i)=\theta_i\\ \theta(t_f)=\theta_f\\ \dot{\theta}(t_i)=0\\ \dot{\theta}(t_f)=0\end{cases} \tag{4.4}$$

对式(4.3)的多项式求一阶导数得到：

$$\dot{\theta}(t)=c_1+2c_2t+3c_3t^2 \tag{4.5}$$

将初始和末端条件代入式(4.3)和式(4.4)得到：

$$\begin{cases}\theta(t_i)=c_0=\theta_i\\ \theta(t_f)=c_0+c_1t_f+c_2t_f^2+c_3t_f^3\\ \dot{\theta}(t_i)=c_1=0\\ \dot{\theta}(t_f)=c_1+2c_2t_f+3c_3t_f^2=0\end{cases} \tag{4.6}$$

通过联立求解这 4 个方程，得到方程中 4 个未知的数值，这样便可算出任意时刻的关节位置。控制器则根据此驱动关节到达所需的位置，尽管每一关节是用同样步骤分别进行轨迹规划的，但所有关节自始至终都是同步驱动。如果机器人初始和末端的速率不为0，同样可以通过给定数据得到未知的数值。

如果要求机器人依次地通过两个以上的点，那么每一段末端求解出的边界速度和位置都可以用作下一段的初始条件，每一段的轨迹均可用类似的三次多项式加以规划。然而，尽管位置和速度都是连续的，但加速度并不连续，这也可能产生问题。

例 4.1 要求一个六轴机器人的第一关节在5 s内从初始角30°运动到终端角75°，用三次多项式计算在第1、2、3 s和第4 s时关节的角度。

解：

将边界条件代入式(4.6)得到：

$$\begin{cases}\theta(t_i)=c_0=30\\ \theta(t_f)=c_0+c_1(5)+c_2(5^2)+c_3(5^3)=75\\ \dot{\theta}(t_i)=c_1=0\\ \dot{\theta}(t_f)=c_1+2c_2(5)+3c_3(5^2)=0\end{cases}\Rightarrow\begin{cases}c_0=30\\ c_1=0\\ c_2=5.4\\ c_3=-0.72\end{cases}\tag{4.7}$$

由此得到位置、速度和加速度的多项式方程如下：

$$\theta(t)=30+5.4t^2-0.72t^3$$
$$\dot{\theta}(t)=10.8t-2.16t^2$$
$$\ddot{\theta}(t)=10.8-4.32t$$

代入时间求得：

$$\theta(1)=34.68^\circ\quad \theta(2)=45.84^\circ\quad \theta(3)=59.16^\circ\quad \theta(4)=70.32^\circ$$

该关节的位置、速度和加速度如图4.8所示。

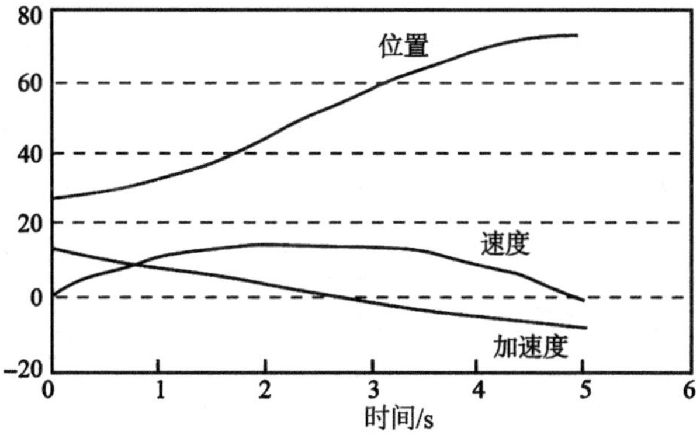

图 4.8 关节位置、速度和加速度

注：图中位置、速度、加速度的单位分别为°/s、°/s、°/s^2。

4.5.2 五次多项式轨迹规划

除了指定运动段的起点和终点的位置和速度外，也可指定该运动段的起点和终点加速度。这样，边界条件的数量就增加到了 6 个，相应地可采用如下五次多项式来规划轨迹：

$$\begin{cases}\theta(t)=c_0+c_1t+c_2t^2+c_3t^3+c_4t^4+c_5t^5\\ \dot{\theta}(t)=c_1+2c_2t+3c_3t^2+4c_4t^3+5c_5t^4\\ \ddot{\theta}(t)=2c_2+6c_3t+12c_4t^2+20c_5t^3\end{cases}\tag{4.8}$$

根据这些方程，可以通过位置、速度和加速度边界条件计算出五次多项式的系数。

例 4.2 同例 4.1，且已知初始加速度和末端减速度均为 5°/s^2。

解：

由例 4.1 和给出的加速度得到：

$$\theta_i=30^\circ\quad \dot{\theta}_i=0^\circ/\mathrm{s}\quad \ddot{\theta}_i=5^\circ/\mathrm{s}^2$$
$$\theta_f=75^\circ\quad \dot{\theta}_f=0^\circ/\mathrm{s}\quad \ddot{\theta}_f=-5^\circ/\mathrm{s}^2$$

将初始和末端边界条件代入式(4.8)得出：

$$c_0=30\quad c_1=0\quad c_2=2.5\quad c_3=1.6\quad c_4=-0.58\quad c_5=0.0464$$

进而得到如下运动方程：

$$\begin{cases}\theta(t)=30+2.5t^2+1.6t^3-0.58t^4+0.0464t^5\\ \dot{\theta}(t)=5t+4.8t^2-2.32t^3+0.232t^4\\ \ddot{\theta}(t)=5+9.6t-6.96t^2+0.928t^3\end{cases}\tag{4.9}$$

图 4.9 是机器人关节的位置、速度和加速度曲线，其最大加速度为 8.7°/s^2。

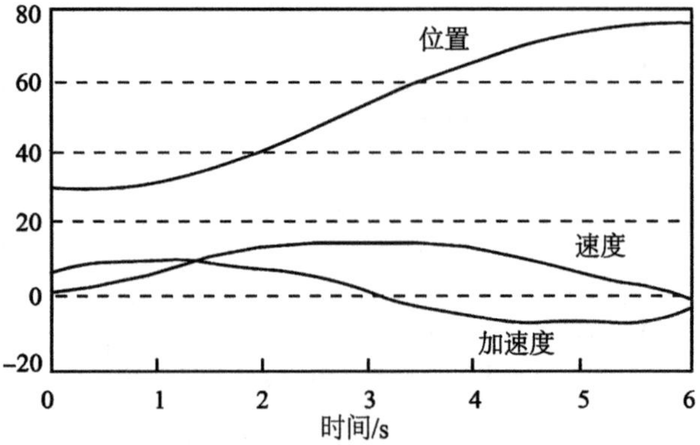

图 4.9 关节的位置、速度和加速度曲线

注：图中位置、速度、加速度的单位分别为°/s、°/s、°/s^2

4.5.3　抛物线过渡的线性运动轨迹

关节空间进行轨迹规划的另一种方法正如前面所讨论的那样，让机器人关节以恒定速度在起点和终点位置之间运动，轨迹方程相当于一次多项式，其速度是常数，加速度为 0。这表示在运动段的起点和终点的加速度必须为无穷大才能在边界点瞬间产生所需的速度。为避免这一情况，线性运动段在起点和终点处可以用抛物线来进行过渡，从而产生如图 4.10 所示的连续位置和速度。假设 $t_i=0$ 和 t_f 时刻对应的起点和终点位置为 θ_i 和 θ_f，抛物线与直线部分的过渡段在时间 t_b 和 t_f-t_b 处是对称的，由此得到：

$$\begin{cases}\theta(t)=c_0+c_1t+\dfrac{1}{2}c_2t^2\\\dot{\theta}(t)=c_1+c_2t\\\ddot{\theta}(t)=c_2\end{cases}\tag{4.10}$$

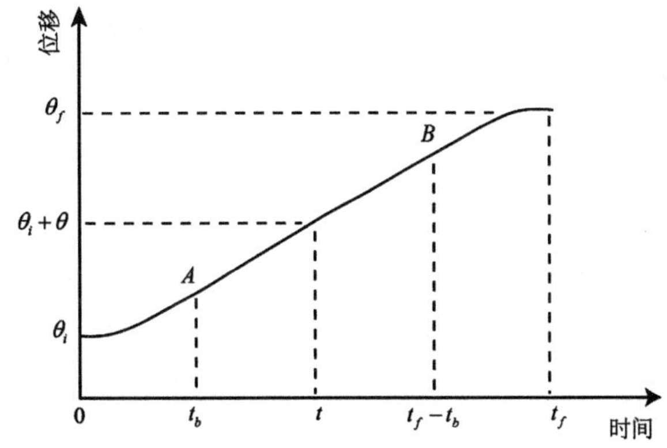

图 4.10　抛物线过渡的线性轨迹规划方法

显然，这时抛物线运动段的加速度是一常数，并在公共点 A 和 B（称这些点为节点）上产生连续的速度。将边界条件代入抛物线段的方程，得到：

$$\begin{cases}\theta(t=0)=\theta_i=c_0\\\dot{\theta}(t=0)=0=c_1\\\ddot{\theta}(t)=c_2\end{cases}\Rightarrow\begin{cases}c_0=\theta_i\\c_1=0\\c_2=\ddot{\theta}(t)\end{cases}\tag{4.11}$$

从而给出抛物线段的方程为：

$$\begin{cases}\theta(t)=\theta_i+\dfrac{1}{2}c_2t^2\\\dot{\theta}(t)=c_2t\\\ddot{\theta}(t)=c_2\end{cases}\tag{4.12}$$

对于直线段，速度将为常值，可以根据驱动器的物理性能加以选择。将零初速度、线性段常值速度 ω 以及零末端速度代入式(4.12)，可以得到 A、B 点以及终点的关节位置和速度如下：

$$\begin{cases}\theta_A=\theta_i+\dfrac{1}{2}c_2t_b^2\\ \dot{\theta}_A=c_2t_b=\omega\\ \theta_B=\theta_A+\omega[(t_f-t_b)-t_b]=\theta_A+\omega(t_f-2t_b)\\ \dot{\theta}_B=\dot{\theta}_A=\omega\\ \theta_f=\theta_B+(\theta_A-\theta_i)\\ \dot{\theta}_f=0\end{cases}\tag{4.13}$$

由式(4.13)可以求解过渡时间 t_b，具体过程用公式表示如下：

$$\begin{cases}c_2=\dfrac{\omega}{t_b}\\ \theta_f=\theta_i+c_2t_b^2+\omega(t_f-2t_b)\end{cases}\Rightarrow\theta_f=\theta_i+\left(\frac{\omega}{t_b}\right)t_b^2+\omega(t_f-2t_b)\tag{4.14}$$

$$t_b=\frac{\theta_i-\theta_f+\omega t_f}{\omega}\tag{4.15}$$

显然，t_b 不能大于总时间 t_f 的一半，否则在整个过程中将没有直线运动段而只有抛物线加速和抛物线减速段。由式(4.15)可以计算出对应的最大速度 $\omega_{\max}=2(\theta_f-\theta_i)/t_f$。应该说明，如果运动段的初始时间不是 0 而是 t_a，则可采用平移时间轴的办法使得初始时间为 0。

终点的抛物线段与起点的抛物线段是对称的，只是其加速度为负。因此可表示为：

$$\theta(t)=\theta_f-\frac{1}{2}c_2(t_f-t)^2\quad\left(\text{其中 } c_2=\frac{\omega}{t_b}\right)$$

$$\begin{cases}\theta(t)=\theta_f-\dfrac{\omega}{2t_b}(t_f-t)^2\\ \dot{\theta}(t)=\dfrac{\omega}{t_b}(t_f-t)\\ \ddot{\theta}(t)=-\dfrac{\omega}{t_b}\end{cases}\tag{4.16}$$

4.5.4 具有中间点及用抛物线过渡的线性运动轨迹

如果运动段不止一个，即机器人运动到第一运动段末端点后，还将向下一点运动，那么该点可能是终点也可能是另一中间点。正如前面所讨论的，要采用各种运动段过渡方法来避免时停时走的运动。假设，已知机器人在初始时间 t_0 的位置，可以使用逆运动学方程求解中间点和终点的关节角。在各段之间进行过渡时，使用每一点的边界条件来计算抛物线段的系数。例如，已知机器人开始运动时关节的位置和速度，并且在第一运动段的末端点，位置和速度必须连续，它们可作为中间点的边界条件，进而可对新的运动段进行计算，重复这一过程直至计算出所有运动段并到达终点。显然，对于每个运动段，必须基于给定的关节速度求出新的 t_b，同时还须检验加速度值是否超过限定。

4.5.5　高次多项式运动轨迹

除了指定起点和终点外，当指定其他中间点(包括抬升点和着陆点等)时，可以通过匹配两个运动段上每一点的位置、速度和加速度来规划出一条连续的轨迹。利用起点和终点边界条件以及中间点的信息，可以采用如下形式的高次多项式来规划轨迹并使其通过所有的指定点：

$$\theta(t)=c_0+c_1t+c_2t^2+\cdots+c_{n-1}t^{n-1}+c_nt^n \tag{4.17}$$

然而，对路径上的每一点都求解高次多项式方程需要大量的计算。一个替代方法是，可在轨迹不同的运动段采用不同的低次多项式，然后将它们平滑过渡地连在一起以满足各点的边界条件。

4.6　笛卡儿空间的轨迹规划

由前面可知，笛卡儿空间轨迹与机器人相对于直角坐标系的运动有关，如机器人末端手的位姿便是沿笛卡儿空间的轨迹。除了简单的直线轨迹以外，也可用许多其他的方法来控制机器人在不同点之间沿一定轨迹运动。实际上所有用于关节空间轨迹的方法都可用于笛卡儿空间的轨迹规划。最根本的差别在于，笛卡儿空间轨迹规划必须反复求解逆运动学方程来计算关节角，也就是说，对于关节空间轨迹规划，规划函数生成的值就是关节值，而笛卡儿空间轨迹规划函数生成的值是机器人末端手的位姿，它们需要通过求解逆运动学方程才能转化为关节量。

以上过程可以简化为如下的计算循环：

(1) 将时间增加一个增量：$t=t+\Delta t$。

(2) 利用所选择的轨迹函数计算出手的位姿。

(3) 利用机器人逆运动学方程计算出对应手位姿的关节量。

(4) 将关节信息送给控制器。

(5) 返回到循环的开始。

在工业应用中，最实用的轨迹是点到点之间的直线运动，但也经常碰到多目标点(例如有中间点)间需要平滑过渡的情况。

为实现一条直线轨迹，必须计算起点和终点位姿之间的变换，并将该变换划分为许多小段。起点 $\boldsymbol{T}_i$ 和终点 $\boldsymbol{T}_f$ 之间的总变换 $\boldsymbol{R}$ 可通过下面的方程进行计算：

$$\begin{cases}\boldsymbol{T}_f=\boldsymbol{T}_i\boldsymbol{R}\\ \boldsymbol{T}_i^{-1}\boldsymbol{T}_f=\boldsymbol{T}_i^{-1}\boldsymbol{T}_i\boldsymbol{R}\\ \boldsymbol{R}=\boldsymbol{T}_i^{-1}\boldsymbol{T}_f\end{cases} \tag{4.18}$$

至少有以下 3 种不同方法可用来将该总变换化为许多的小段变换。

(1) 希望在起点和终点之间有平滑的线性变换，因此需要大量很小的分段，从而产生了大量的微分运动。利用此前推导出的微分运动方程，可以将末端手坐标系在每个新段的位姿与微分运动、雅可比矩阵及关节速度通过下列方程联系在一起。

$$\begin{cases}\boldsymbol{D}=\boldsymbol{J}\boldsymbol{D}_\theta\\ \boldsymbol{D}_\theta=\boldsymbol{J}^{-1}\boldsymbol{D}\\ \mathrm{d}\boldsymbol{T}=\boldsymbol{\Delta}\cdot\boldsymbol{T}\\ \boldsymbol{T}_{\mathrm{new}}=\boldsymbol{T}_{\mathrm{old}}+\mathrm{d}\boldsymbol{T}\end{cases} \tag{4.19}$$

这一方法需要进行大量的计算，并且仅当雅可比矩阵逆矩阵存在时才有效。

(2) 在起点和终点之间的变换分解为一个平移和两个旋转。平移是将坐标原点从起点移动到终点，第一个旋转是将末端手坐标系与期望姿态对准，而第二个旋转是手坐标系绕其自身轴转到最终的姿态。所有这 3 个变换同时进行。

(3) 在起点和终点之间的变换 $\boldsymbol{R}$ 分解为一个平移和一个绕 k 轴的旋转。平移仍是将坐标原点从起点移动到终点，而旋转则是将手臂坐标系与最终的期望姿态对准。两个变化同时进行。如图 4.11 所示为笛卡儿空间轨迹规划中起点和终点之间的变换，该变换分解为一个平移和一个绕 k 轴的旋转。

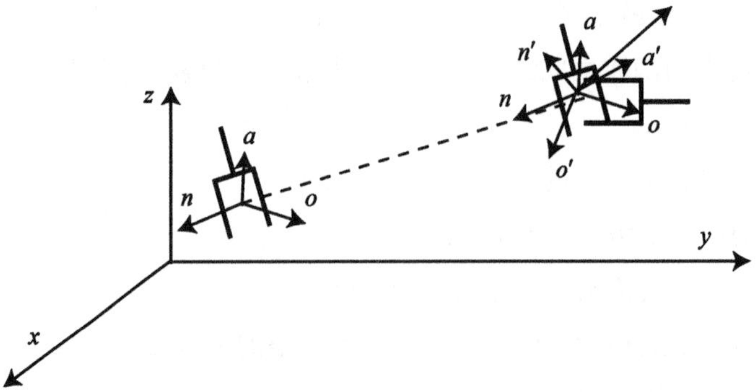

图 4.11　笛卡儿空间轨迹规划中起点和终点之间的变换

4.7 最优轨迹规划方法

机器人的最优轨迹规划旨在找到机器人在执行任务时的最优路径,用来满足特定的性能指标和约束条件。在工业机器人领域,最优轨迹规划的目标通常是通过综合考虑生产效率、能耗、安全性和操作要求等因素来寻找最佳的运动轨迹,以提高生产效率、精度和安全性。现在的最优轨迹规划研究主要包括时间最优、冲击最优、能耗最优及多目标优化。最优轨迹规划需要综合考虑优化目标、运动学和动力学、避障和碰撞检测、实时性、环境适应性、安全性、反馈和调整等因素,确保在实际应用中能够提供高效、安全、可靠地运动控制。选择适当的算法和方法,以平衡不同目标。

解决工业机器人最优轨迹问题的一般步骤(如图 4.12 所示)如下:

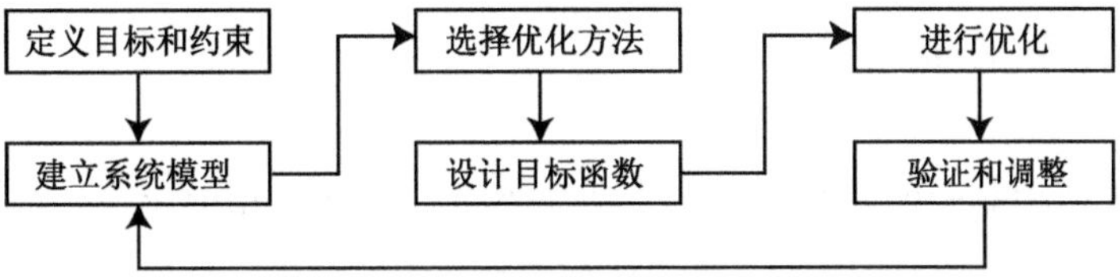

图 4.12 最优轨迹规划的一般步骤

(1) 定义目标和约束。明确问题的目标,如最小化时间、最小化冲击、最小化能耗等,并定义相关的约束条件,如工作空间限制、碰撞避免、关节限制等。

(2) 建立系统模型。根据机器人的动力学特性和运动约束,建立机器人的数学模型。这个模型可以是运动学模型、动力学模型或组合模型。

(3) 选择优化方法。根据问题的复杂性和约束条件,选择适合的最优化方法。常见的方法包括数学优化方法(如线性规划、非线性规划、二次规划等)、模型预测控制、遗传算法和深度强化学习等。

(4) 设计目标函数。根据问题的目标,设计一个目标函数来评估轨迹的优劣。目标函数可以包括多个因素的加权和,如时间、冲击、能耗等。目标函数的设计应该能够量化问题的目标,并反映约束条件的满足程度。

(5) 进行优化。根据选择的优化方法和目标函数,对机器人的轨迹进行优化。优化过程可以是迭代的,通过不断调整轨迹的参数或控制序列来逼近最优解。优化过程中需要考虑约束条件和问题的收敛性。

(6) 验证和调整。使用仿真工具或实际机器人系统进行验证,评估轨迹的性能和满足程度。如果需要,可以根据实际情况对轨迹进行调整和优化。

第 5 章　机器人控制

本章主要探讨机器人机械手的控制问题，目的是设计和选择可靠且适用的机器人机械手控制器，实现机械手按照规定轨迹运动，以满足控制需求。首先讨论机器人控制的基本原则，然后分别介绍和分析机器人的位置控制、力/位置混合控制、运动分解控制、变结构控制以及自适应模糊控制等高级控制方法。

5.1 控制工程基础

研究机器人的控制问题是与其运动学和动力学问题密切相关的。从控制观点看，机器人系统代表冗余的、多变量和本质上非线性的控制系统，同时又是复杂的耦合动态系统，每个控制任务本身就是一个动力学任务。在实际研究中，往往把机器人控制系统简化为若干个低阶子系统来描述。

5.1.1 控制器分类

机器人控制器具有多种结构形式，包括非伺服控制、伺服控制、位置和速度反馈控制、力(力矩)控制、基于传感器的控制、非线性控制、分解加速度控制、滑模控制、最优控制、自适应控制、递阶控制以及各种智能控制等。

本节将讨论工业机器人常用控制器的控制基础及控制器的设计问题。从关节(或连杆)角度看，可把工业机器人的控制器分为单关节(连杆)控制器和多关节(连杆)控制器两种。对于前者，设计时应考虑稳态误差的补偿问题；对于后者，应首先考虑耦合惯量的补偿问题。

机器人的控制取决于其“脑子”，即处理器的性能。随着实际工作情况的不同，可以采用不同的控制方式，如简单的编程自动化、小型计算机控制和微处理机控制等。机器人控制系统的结构也可以不同，如从单处理机控制到多处理机分级分布式控制等。对于后者，每台处理机执行一个指定的任务，或者与机器人某个部分(如某个自由度或轴)直接联系。

控制按照任务分类，主要把控制分为许多级，每级包括许多任务，把每个任务分成许多子任务。

按照结构分类，把所有能施于同一结构部件的任务由同一处理机处理，并与其他各处理机协调工作。

混合分类，实际上并非把所有任务都施于所有的部件。在上述两种分类之间，往往有交叠。

5.1.2　主要控制变量

图 5.1 表示一台机器人的各关节控制变量。如果要教机器人去抓起工件 A，那么就必须知道末端执行装置（如夹手）在任何时刻相对于 A 的状态，包括位置、姿态和开闭状态等。工件 A 的位置是由它所在工作台的一组坐标轴给出的。这组坐标轴叫做任务轴（R_0）。末端执行装置的状态是由这组坐标轴的许多数值或参数表示的，而这些参数是矢量 $\boldsymbol{X}$ 的分量。我们的任务就是要控制矢量 $\boldsymbol{X}$ 随时间变化的情况，即 $\boldsymbol{X}(t)$，表示末端执行装置在空间的实时位置。只有当关节 θ_1 至 θ_6 移动时，$\boldsymbol{X}$ 才变化。我们用矢量 $\boldsymbol{\Theta}(t)$ 来表示关节变量 θ_1 至 θ_6。

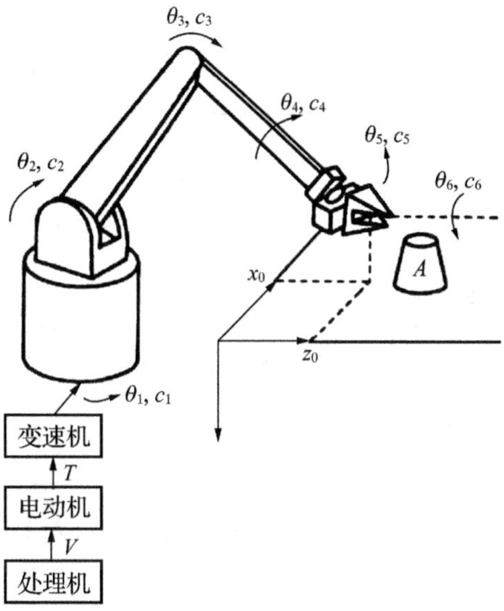

图 5.1　机械手各关节的控制变量

各关节在力矩 C_1 至 C_6 作用下而运动，这些力矩构成矢量 $\boldsymbol{C}(t)$。矢量 $\boldsymbol{C}(t)$ 由各传动电动机的力矩矢量 $\boldsymbol{T}(t)$ 经过变速机送到各个关节。这些电动机在电流或电压矢量 $\boldsymbol{V}(t)$ 所提供的动力作用下，在一台或多台微处理机的控制下，产生力矩 $\boldsymbol{T}(t)$。

对一台机器人的控制，本质上就是对下列双向方程式的控制：

$$\boldsymbol{V}(t)\leftrightarrow\boldsymbol{T}(t)\leftrightarrow\boldsymbol{C}(t)\leftrightarrow\boldsymbol{\Theta}(t)\leftrightarrow\boldsymbol{X}(t) \tag{5.1}$$

5.1.3　主要控制层次

图 5.2 表示机器人的主要控制层次。由图可见，它主要分为三个控制级，即人工智能级、控制模式级和伺服系统级。现对它们进一步讨论：

1. 第一级：人工智能级

如果命令一台机器人去“把工件 A 取过来”，那么如何执行这个任务呢？首先必须确定，该命令的成功执行至少是由于机器人能为该指令产生矢量 $\boldsymbol{X}(t)$。$\boldsymbol{X}(t)$ 表示末端执行装置相对工件 A 的运动。

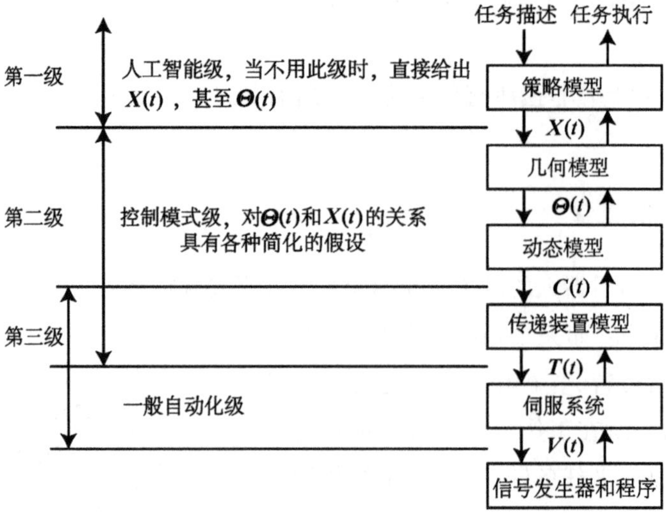

图 5.2　机器人的主要控制层次

表示机器人所具有的指令和产生矢量 $\boldsymbol{X}(t)$ 以及这两者间的关系，是建立第一级（人工智能级）控制的工作。它包括与人工智能有关的所有可能问题，如词汇和自然语言理解、规划的产生以及任务描述等。

这一级主要仍处于研究阶段，我们将在后面进一步研究与智能控制级有关的问题。

目前，人工智能级在工业机器人上应用仍不够多，还有许多实际问题有待解决。

2. 第二级：控制模式级

能够建立起这一级的 $\boldsymbol{X}(t)$ 和 $\boldsymbol{T}(t)$ 之间的双向关系，有多种可供采用的控制模式。这是因为下列关系：

$$\boldsymbol{X}(t)\leftrightarrow\boldsymbol{\Theta}(t)\leftrightarrow\boldsymbol{C}(t)\leftrightarrow\boldsymbol{T}(t) \tag{5.2}$$

因此，要得到一个满意的方法，所提出的假设可能是极不相同的。这些假设取决于操作人员所具有的有关课题的知识深度以及机器人的应用场合。

考虑式(5.2)，式中四个矢量之间的关系可建立四种模型。建立模型时的主要难点包括：

① 无法知道如何正确地建立各连接部分的机械误差，如干摩擦和关节的挠性等。

② 即使能够考虑这些误差，但其模型将包含数以千计的参数，而且处理机将无法以适当的速度执行所有必需的在线操作。

③ 控制对模型变换的响应。模型越复杂，对模型的变换就越困难，尤其是当模型具有非线性时，困难将更大。

因此，在工业上一般不采用复杂的模型，而采用这种控制（又有很多变种）模型。这些控制模型是以稳态理论为基础的，即认为机器人在运动过程中依次通过一些平衡状态。这种模型分别称为几何模型和运动模型，前者利用 $\boldsymbol{X}$ 和 $\boldsymbol{\Theta}$ 间的坐标变换，后者则对几何模型进行线性处理，并假定 $\boldsymbol{X}$ 和 $\boldsymbol{\Theta}$ 变化很小。属于几何模型的控制有位置控制和速度控制，属于运动模型的控制有变分控制和动态控制等。

3. 第三级：伺服系统级

第三级所关心的是机器人的一般实际问题。我们将在本节后一部分举例介绍机器人伺服控制系统。在此，必须指出下列两点：

① 控制第一级和第二级并非总是截然分开的。是否把传动机构和减速齿轮包括在第二级，更是一个问题。这个问题涉及解决下列问题：

$$\boldsymbol{V}(t)\leftrightarrow\boldsymbol{T}(t) \tag{5.3}$$

或

$$\boldsymbol{V}(t)\leftrightarrow\boldsymbol{T}(t)\leftrightarrow\boldsymbol{C}(t) \tag{5.4}$$

当前的趋势是研究具有组合减速齿轮的电动机，它能直接安装在机器人的关节上。不过，这样做的结果又产生惯性力矩和减速比的问题。这是需要进一步解决的。

② 一般的伺服系统是模拟系统，但已越来越普遍地被数字控制伺服系统所代替。

5.1.4　伺服控制系统举例

对于直流电动机的伺服控制，我们将在位置控制等环节中仔细讨论。这里只对液压伺服控制系统加以分析。

液压传动机器人具有结构简单、机械强度高和速度快等优点。这种机器人一般采用液压伺服控制阀和模拟分解器实现控制和反馈。一些最新的液压伺服控制系统还应用数字译码器和感知反馈控制装置，因而其精度和重复性通常与电气传动机器人相似。当在伺服阀门内采用伺服电动机时，就构成电-液压伺服控制系统。

下面分析 2 个伺服控制液压系统，简要分析其数学模型。

1. 液压缸伺服传动系统

采用液压缸作为液压传动系统的动力元件，能够省去中间动力减速器，从而消除了齿隙和磨损问题。加上液压缸的结构简单、比较便宜，因而它在工业机器人机械手的往复运动装置和旋转运动装置上都获得广泛应用。

为了控制液压缸或液压马达，在机器人传动系统中使用惯量小的液压滑阀。应用在电-液压随动系统中的滑阀装有正比于电信号的位移量电-机变换器。图 5.3 就是这种系统的一个方案。

其中，机器人的执行机构由带滑阀的液压缸带动，并用放大器控制滑阀。放大器输入端的控制信号由 3 个信号叠加而成。主反馈回路(外环)由位移传感器把位移反馈信号送至比较元件，与给定位置信号比较后得到误差信号 e，经校正后，再与另两个反馈信号比较。

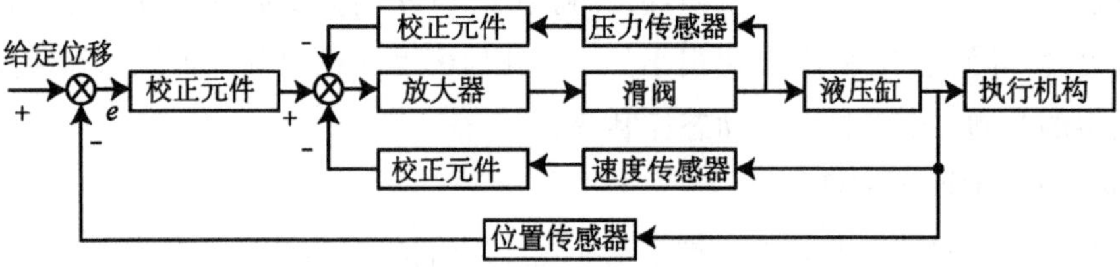

图 5.3 液压缸伺服传动系统结构图

第二个反馈信号是由速度反馈回路(速度环)取得的,包括速度传感器和校正元件。第 3 个反馈信号是加速度反馈,是由液压缸中的压力传感器和校正元件实现的。

2. 电-液压伺服控制系统

当采用力矩伺服电动机作为位移给定元件时,液压系统的方框如图 5.4 所示。

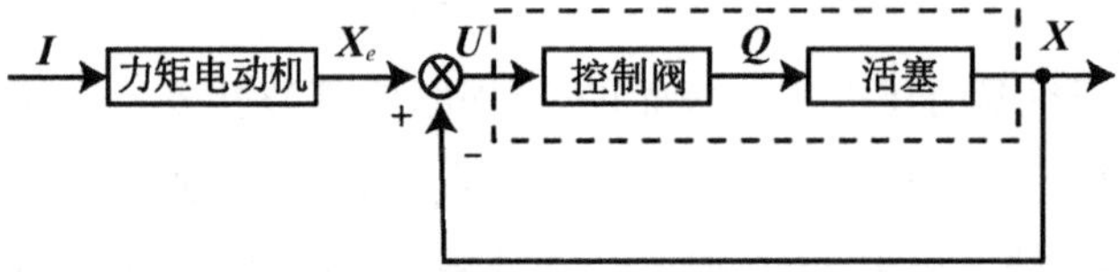

图 5.4 电-液压伺服控制系统

在图 5.4 中,控制电流 I 与配油器输入信号的关系可由下列传递函数表示:

$$\boldsymbol{T}_1(S)=\frac{\boldsymbol{U}(S)}{\boldsymbol{I}(S)}=\frac{k_1}{1+2\xi_1\dfrac{S}{\omega_1}+\dfrac{S^2}{\omega_1}} \tag{5.5}$$

式中,k_1 为增益;ξ_1 为阻尼系数,$\xi_1\to 1$;ω_1 为自然振荡角率。

同样,可得活塞位移 X 与配油器输入信号(位移误差信号)之间的关系为:

$$\boldsymbol{T}_2(S)=\frac{\boldsymbol{X}(S)}{\boldsymbol{U}(S)}=\frac{k_2}{S\left(1+2\xi_2\dfrac{S}{\omega_2}+\dfrac{S^2}{\omega_2}\right)} \tag{5.6}$$

这相当于一个纯积分环节与一个振荡环节串联,式中 k_2、ω_2、ξ_2 含义与式(5.5)相同。据式(5.5)、式(5.6)和图 5.4 可得系统的传递函数:

$$\boldsymbol{T}(S)=\frac{\boldsymbol{X}(S)}{\boldsymbol{I}(S)}=\frac{\boldsymbol{T}_2(S)}{1+\boldsymbol{T}_1(S)\boldsymbol{T}_2(S)}=\frac{k_1k_2}{S\left(1+2\xi_1\dfrac{S}{\omega_1}+\dfrac{S^2}{\omega_1^2}\right)\left(1+2\xi_2\dfrac{S}{\omega_2}+\dfrac{S^2}{\omega_2^2}\right)+1} \tag{5.7}$$

当采用力矩电动机作为位移给定元件时：

$$\boldsymbol{T}_1'(S)=\frac{\boldsymbol{X}_C(S)}{\boldsymbol{I}(S)}=\frac{k_1'}{\tau_1 S+1} \tag{5.8}$$

式中，k_1' 为增益；τ_1 为时间常数。当 τ_1 很小而又可以忽略时，式(5.8)简化为 $T_1'(S)\approx k_1'$；这样，式(5.7)也被简化为：

$$\boldsymbol{T}'(S)=\frac{k_1'k_2'}{S\left(1+2\xi_2\frac{S}{\omega_2}+\frac{S^2}{\omega_2^2}\right)+1} \tag{5.9}$$

5.2 机器人位置控制

我们知道，机器人为串接续联的连杆式机械手，其动态特性具有高度的非线性。要控制这种由马达驱动的操作机器人，用适当的数学方程式来表示其运动是十分重要的。这种数学表达式就是数学模型，简称模型。控制机器人运动的计算机运用这种数学模型来预测和控制将要进行的运动过程。

机械零部件比较复杂，例如机械部件可能因承受负载而弯曲，关节可能具有弹性以及机械摩擦(它是很难计算的)等，所以在实际上不可能建立起准确的模型，一般采用近似模型。尽管这些模型比较简单，但十分有用。

在设计模型时，提出下列两个假设：

(1) 机器人的各段是理想刚体，因而所有关节都是理想的，不存在摩擦和间隙。

(2) 相邻两连杆间只有一个自由度，要么是完全旋转的，要么是完全平移的。

5.2.1 直流传动系统的建模

首先讨论一下直流电动机伺服控制系统的数学模型。

1. 传递函数与等效方框图

图 5.5 表示具有减速齿轮和旋转负载的直流电动机工作原理，图中伺服电动机的参数规定如下：

r_f，l_f ——励磁回路电阻与电感；

i_f，V_f ——励磁回路电流与电压；

R_m，L_m ——电枢回路电阻与电感；

i_m，V_m ——电枢回路电流与电压；

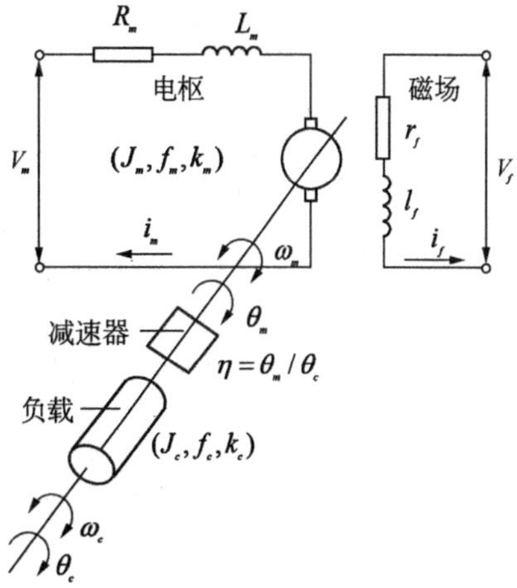

图 5.5　直流电动机伺服传动原理

θ_m，ω_m ——电枢(转子)角位移与转速；

J_m，f_m ——电动机转子转动惯量及黏滞摩擦系数；

T_m，k_m ——电动机转矩及转矩常数；

k_e ——电动机电势常数；

θ_c，ω_c ——负载角位移和转速；

η ——减速比(θ_m/θ_c)；

J_c，f_c ——负载转动惯量和负载黏滞摩擦系数；

k_c ——负载反馈系数。

这些参数用来计算伺服电动机的传递函数。

首先，求算磁场控制电动机的传递函数。我们能够建立下列方程式：

$$V_f = r_f i_f + l_f \frac{\mathrm{d}i_f}{\mathrm{d}t} \tag{5.10}$$

$$T_m = k_m i_f \tag{5.11}$$

$$T_m = J\frac{\mathrm{d}^2\theta_m}{\mathrm{d}t^2} + F\frac{\mathrm{d}\theta_m}{\mathrm{d}t} + K\theta_m \tag{5.12}$$

式中，$J = J_m + J_c/\eta^2$，$F = f_m + f_c/\eta^2$，$K = k_c/\eta^2$，分别表示传动系统对传动轴的总转动惯量，总黏滞摩擦系数和总反馈系数。引用拉氏变换，上列三式变为：

$$\boldsymbol{V}_f(S) = (r_f + l_f S)\boldsymbol{I}_f(S) \tag{5.13}$$

$$\boldsymbol{T}_m(S) = k_m \boldsymbol{I}_f(S) \tag{5.14}$$

$$\boldsymbol{T}_m(S) = (JS^2 + FS + K)\boldsymbol{\Theta}_m(S) \tag{5.15}$$

其等效方框图如图 5.6 所示。

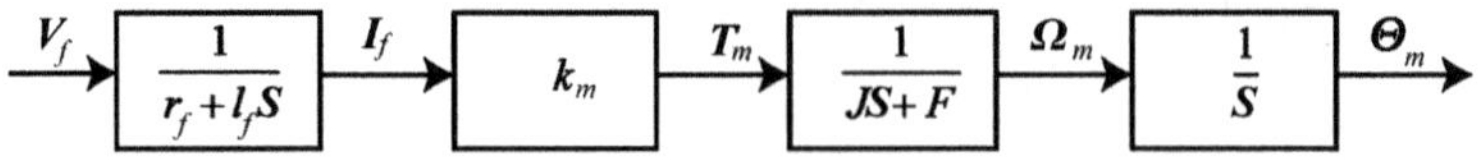

图 5.6 励磁控制直流电动机带负载时的开环方框

由式(5.13)至式(5.15)可得电动机的开环传递函数如下：

$$\frac{\boldsymbol{\Theta}_m(S)}{\boldsymbol{V}_f(S)} = \frac{k_m}{(r_f + l_f S)(JS^2 + FS + K)} \tag{5.16}$$

实际上，往往假设 $K = 0$，因而有：

$$\frac{\boldsymbol{\Theta}_m(S)}{\mathbf{V}_f(S)}=\frac{k_m}{S(r_f+l_fS)(JS+F)}=\frac{k_m}{r_fF}\cdot\frac{1}{S\left(1+\frac{l_f}{r_f}S\right)\left(1+\frac{J}{F}S\right)} \tag{5.17}$$

$$=\frac{k_0}{S(1+\tau_eS)(1+\tau_mS)}\left(令\ k_0=\frac{k_m}{r_fF},\ \tau_e=\frac{l_f}{r_f},\ \tau_m=\frac{J}{F}\right)$$

式中，τ_e 为电气时间常数；τ_m 机械时间常数。与 τ_m 相比，τ_e 可以略之不计，于是：

$$\frac{\boldsymbol{\Theta}_m(S)}{\mathbf{V}_f(S)}=\frac{k_0}{S(1+\tau_mS)} \tag{5.18}$$

因为 $\Omega_m(S)\cdot\frac{1}{S}=\boldsymbol{\Theta}_m(S)$，所以式(5.18)变为：

$$\frac{\boldsymbol{\Omega}_m(S)}{\mathbf{V}_f(S)}=\frac{k_0}{1+\tau_mS} \tag{5.19}$$

再来计算电枢控制直流电动机的传递函数。这时，方程式变为：

$$V_m=R_mi_m+L_m\frac{\mathrm{d}i}{\mathrm{d}t}+k_e\omega_m \tag{5.20}$$

$$T_m=k'_mi_m \tag{5.21}$$

由式(5.12)知

$$T_m=J\frac{\mathrm{d}^2\theta_m}{\mathrm{d}t^2}+F\frac{\mathrm{d}\theta_m}{\mathrm{d}t}+K\theta_m$$

式中，k_e 是考虑电动机转动时产生反电势的系数，此电势与电动机角速度成正比。

运用前述同样方法，能够求得下列关系式：

$$\frac{\boldsymbol{\Theta}_m(S)}{\mathbf{V}_m(S)}=\frac{k'_m}{JL_mS^3+(JR_m+FL_m)S^2+(L_mK+R_mF+k'_mk_e)S+KR_m} \tag{5.22}$$

考虑到实际上 $\boldsymbol{K}\approx 0$，所以式(5.22)变为：

$$\frac{\boldsymbol{\Theta}_m(S)}{\mathbf{V}_m(S)}=\frac{k'_m}{S[(R_m+L_mS)(F+JS)+k_ek'_m]} \tag{5.23}$$

式(5.23)即所求的电枢控制直流电动机的传递函数，图 5.7 就是它的方框图。

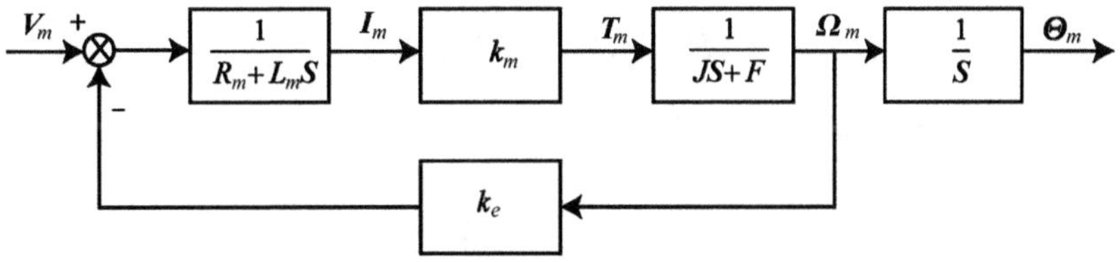

图 5.7　电枢控制直流电动机传动装置

2. 直流电动机的转速调整

图 5.8 表示一个励磁控制直流电动机的闭环位置控制结构，图中所需输出位置为 θ_o，子系统的输入为 θ_i。为此，θ_i 由输入电位器给定，而 θ_o 由反馈电位器测量，对两者进行比较，把其差值放大后，送入励磁绕组。

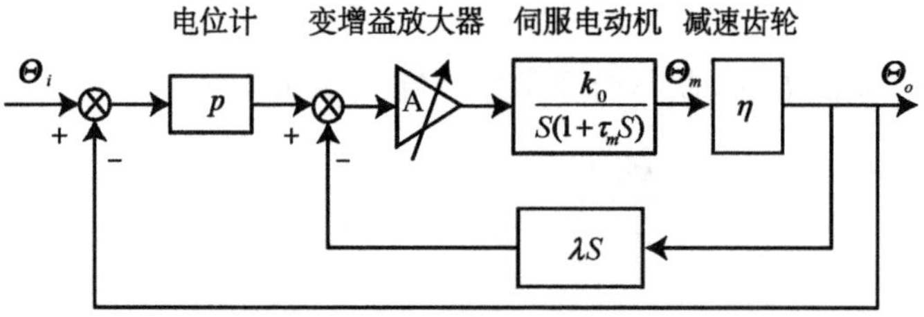

(a) 控制原理图

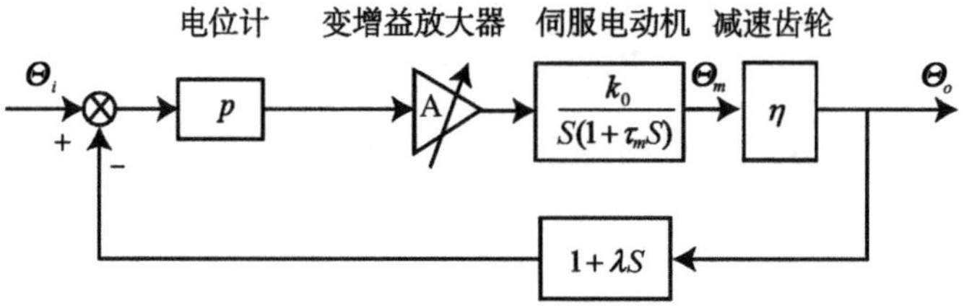

(b) 等效控制图

图 5.8 具有测速反馈的直流电动机控制原理

从稳定性和精确度方面看，要获得满意的伺服传动性能，必须在伺服电路内引入补偿网络。更确切地说必须引入与误差信号 $e(t)=\theta_i(t)-\theta_o(t)$ 有关的补偿。其中，$\theta_i(t)$ 和 $\theta_o(t)$ 分别为输入和输出位移。主要有下列四种补偿：

① 比例补偿：与 $e(t)$ 成正比例。

② 微分补偿：与 $e(t)$ 的微分 $\mathrm{d}e(t)/\mathrm{d}t$ 成正比例。

③ 积分补偿：与 $e(t)$ 的积分 $\int_0^t e(t)\mathrm{d}t$ 成正比。

④ 测速补偿：其与输出位置的微分成比例。

上述前三种补偿属于前馈控制，而测速补偿则属于反馈控制。在实际系统中，至少要组合采用两种补偿，如比例-微分补偿(PD)、比例-积分补偿(PI)和比例-积分-微分补偿(PID)等。

当采用比例-微分补偿时，补偿环节的输出信号为：

$$e'(S)=(k+\lambda_d S)e(S) \tag{5.24}$$

当采用比例-积分补偿时，补偿环节的输出信号为：

$$e'(S)=\left(k+\frac{\lambda_i}{S}\right)e(S) \tag{5.25}$$

当采用比例-微分-积分补偿时，补偿环节的输出信号为：

$$e'(S)=\left(k+\lambda_d S+\frac{\lambda_i}{S}\right)e(S) \tag{5.26}$$

当采用测速发电机实现速度反馈时，补偿信号为：

$$e'(S)=e(S)=\lambda_i S\boldsymbol{\Theta}_o(S)=\boldsymbol{\Theta}_i(S)-(1+\lambda_t S)\boldsymbol{\Theta}_o(S) \tag{5.27}$$

上述四式中的 k、λ_d、λ_i 和 λ_t 分别为比例补偿系数、微分补偿系数、积分补偿系数和速度反馈系数。图 5.8 表示具有测速反馈的直流电动机控制原理结构图。图 5.8(a)和图 5.8(b)是等效的。

5.2.2　位置控制结构

1. 基本控制结构

机器人的许多作业是控制机械手末端工具的位置和姿态，以实现点到点的控制(PTP 控制，如搬运、点焊机器人)或连续路径的控制(CP 控制，如弧焊、喷漆机器人)。因此，实现机器人的位置控制是机器人最基本的控制任务。机器人位置控制有时也称位姿控制或轨迹控制。对于有些作业，如装配、研磨等，只有位置控制是不够的，还需要力控制。

机器人主要有两种位置控制结构形式，即关节空间控制结构和直角坐标空间控制结构，分别如图 5.9(a)和图 5.9(b)所示。

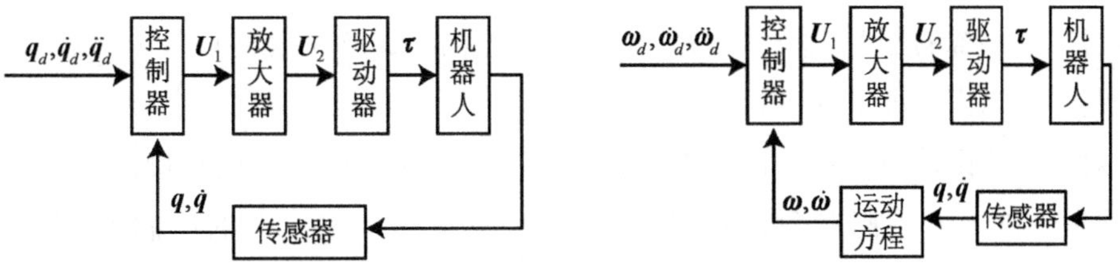

(a) 关节空间控制结构　　　　(b) 直角坐标空间控制结构

图 5.9　机器人位置控制基本结构

在图 5.9 中，$\boldsymbol{q}_d=[q_{d1},q_{d2},\cdots,q_{dn}]^{\mathrm{T}}$ 是期望的关节位置矢量，$\dot{\boldsymbol{q}}_d$ 和 $\ddot{\boldsymbol{q}}_d$ 是期望的关节速度矢量和加速度矢量，$\boldsymbol{q}$ 和 $\dot{\boldsymbol{q}}$ 是实际的关节位置矢量和速度矢量。$\boldsymbol{\tau}=[\tau_1,\tau_2,\cdots,\tau_n]^{\mathrm{T}}$ 是关节驱动力矩矢量，$\boldsymbol{U}_1$ 和 $\boldsymbol{U}_2$ 是相应的控制矢量。$\boldsymbol{\omega}_d=[\boldsymbol{p}_d^{\mathrm{T}},\boldsymbol{\varphi}_d^{\mathrm{T}}]^{\mathrm{T}}$，其中 $\boldsymbol{p}_d=[x_d,y_d,z_d]$ 表示期望的工具位置，$\boldsymbol{\varphi}_d$ 是期望的工具姿态；$\boldsymbol{v}_d=[v_{dx},v_{dy},v_{dz}]^{\mathrm{T}}$ 是期望的工具线速度，$\boldsymbol{\omega}_d$ 是期望的工具角速度，$\boldsymbol{\omega}$ 和 $\dot{\boldsymbol{\omega}}$ 是实际的工具位姿和工具速度。

运行中的工业机器人一般采用图 5.9(a)所示的控制结构。该控制结构的期望轨迹是关节的位置、速度和加速度，因而易于实现关节的伺服控制。这种控制结构的主要问题是要求在直角坐标空间的机械手末端运动轨迹，因而为了实现轨迹跟踪，需将机械手末端的期望轨迹经逆运动学计算变换为在关节空间表示的期望轨迹。

2. PUMA 机器人的伺服控制结构

机器人控制器一般均由计算机来实现。计算机的控制结构具有多种形式，常见的有集中控制、分散控制和递阶控制等。图 5. 10 表示 PUMA 机器人的伺服控制结构。

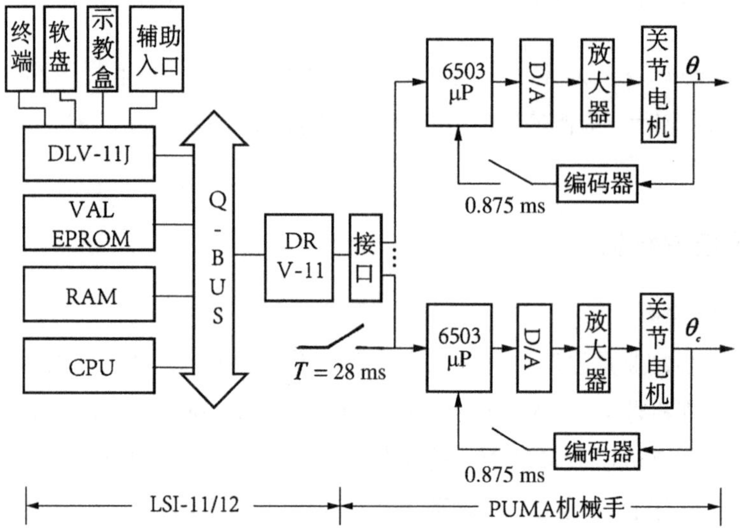

图 5. 10 PUMA 机器人的伺服控制结构

机器人控制系统是以机器人作为控制对象的。它的设计方法及参数选择仍可参照一般计算机控制系统的相关规范。不过，用得较多的仍是连续系统的设计方法，即首先把机器人控制系统当作连续系统进行设计，然后将设计好的控制规律离散化，最后由计算机来实现。对于有些设计方法(如采用自校正控制的设计方法)，则采用直接离散化的设计方法，即首先将机器人控制对象模型离散化，然后直接设计出离散的控制器，再由计算机实现。

现有的工业机器人大多采用独立关节的 PID 控制。图 5. 10 所示 PUMA 机器人的控制结构即为一典型。然而，由于独立关节 PID 控制未考虑被控对象(机器人)的非线性及关节间的耦合作用，因而控制精度和速度的提高受到限制。除了本节介绍的独立关节 PID 控制外，还将在后续各节讨论一些新的控制方法。

5. 2. 3 单关节位置控制器

采用常规技术，通过独立控制每个连杆或关节来设计机器人的线性反馈控制器是可能的。重力以及各关节间相互作用力的影响，可由预先计算好的前馈来消除。为了减少计算工作量，补偿信号往往是近似的，或者采用简化计算公式。

1. 位置控制系统结构

现在市场上供应的工业机器人,其关节数多为3～7个。最典型的工业机器人有6个关节,具有6个自由度,带有夹手(通常称为手或末端执行装置)。尤尼梅逊的PUMA650和斯坦福机械手都是具有6个关节的工业机器人,并分别由液压、气压或电气传动装置驱动。其中,斯坦福机械手具有反馈控制,它的一个关节控制方框图如图5.11所示。

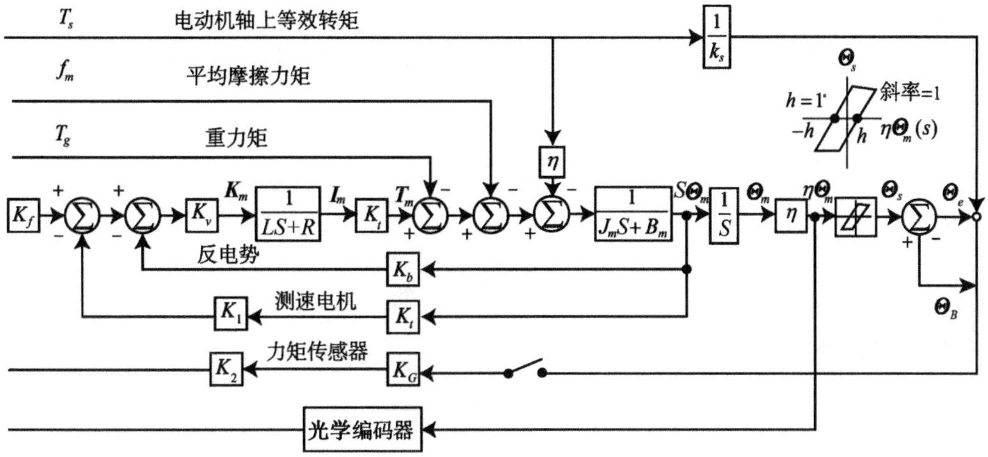

图5.11　斯坦福机械手关节的位置控制系统方框图

从图5.11可见,斯坦福机械手安装有光学编码器,以便与测速发电机一起组成位置和速度反馈,这种工业机器人是一种定位装置,它的每个关节都有一个位置控制系统。

如果不存在路径约束,那么控制器只要知道夹手要经过路径上所有指定的转弯点就够了。控制系统的输入是路径上所需要转弯点的直角坐标系,这些坐标点可能通过以下两种方法输入:

(1) 以数字形式输入系统。

(2) 以示教方式供给系统,然后进行坐标变换。即计算各指定转弯点处的直角坐标系中的相应关节坐标 $(q_1, \cdots, q_6)$。计算方法与坐标点信号输入方式有关。

对于数字输入方式,对 $\boldsymbol{f}^{-1}(q_1, \cdots, q_6)$ 进行数字计算;对于示教输入方式,进行模拟计算。其中,$\boldsymbol{f}^{-1}(q_1, \cdots, q_6)$ 为 $\boldsymbol{f}(q_1, \cdots, q_6)$ 的逆函数,而 $\boldsymbol{f}(q_1, \cdots, q_6)$ 为含有六个坐标数值的矢量函数。最后,对机器人的关节坐标点逐点进行定位控制。假如,允许机器人依次只移动一个关节,而把其他关节锁住,那么每个关节控制器都很简单。如果多个关节同时运动,那么各关节间力的相互作用会产生耦合,控制系统变得复杂。

2. 单关节控制器的传递函数

可把机器人看作刚体结构,图5.12给出了单个关节的电动机齿轮-负载联合装置示意图。

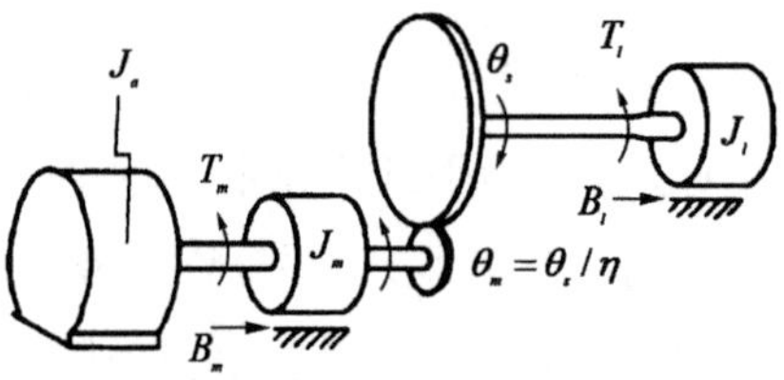

图 5.12　一个关节的电动机-齿轮-负载联合装置示意图

令 F 为从电动机传至负载的作用在齿轮啮合点上的力，则 $T'_l=Fr_m$ 为折算到电动机轴上的等效负载力矩，而且：

$$T_l=Fr_m \tag{5.28}$$

又因为 $\theta_m=2\pi/N_m$，$\theta_s=2\pi/N_s$，所以：

$$\theta_s=\theta_m N_m/N_s=\eta\theta_m \tag{5.29}$$

传动侧和负载侧的角速度及角加速度关系如下：

$$\dot{\theta}_s=\eta\dot{\theta}_m,\ \ddot{\theta}_s=\eta\ddot{\theta}_m$$

负载力矩 T_l 用于克服连杆惯量的作用 $J_l\ddot{\theta}_s$ 和阻尼效应 $B_l\dot{\theta}_s$，即 $T_l=J_l\ddot{\theta}_s+B_l\dot{\theta}_s$ 或者改写为：

$$T_l-B_l\dot{\theta}_s=J_l\ddot{\theta}_s \tag{5.30}$$

在传动轴一侧，同理可得：

$$T_m=T'_l-B_m\theta_m=(J_a-J_m)\ddot{\theta}_m \tag{5.31}$$

又因为下列两式成立：

$$T'_l=\eta^2(J_l\ddot{\theta}_m+B_l\dot{\theta}_m) \tag{5.32}$$

$$T_m=(J_a+J_m+\eta^2 J_l)\ddot{\theta}_m+(B_m+\eta^2 B_l)\dot{\theta}_m \tag{5.33}$$

或

$$T_m=J\ddot{\theta}_m+B\dot{\theta}_m \tag{5.34}$$

式中，$J_a+J_m+\eta^2 J_l$ 为传动轴上的等效转动惯量；$B_m+\eta^2 B_l$ 为传动轴上的等效阻尼系数。

在前面章节曾建立过电枢控制直流电动机的传递函数，见式(5.22)和式(5.23)。因此得到与式(5.23)相似的传递函数如下：

$$\frac{\boldsymbol{\Theta}_m(S)}{\mathbf{V}_m(S)}=\frac{K_l}{S[L_m JS^2+(R_m J+L_m B)S+(R_m B+k_e K_l)]} \tag{5.35}$$

式中的 K_l 和 B 相当于式(5.23)中的 k'_m 和 F。

因为

$$e(t)=\theta_d(t)-\theta_s(t) \tag{5.36}$$

$$\theta_s(t)=\eta\theta_m(t) \tag{5.37}$$

$$V_m(t)=K_\theta[\theta_d(t)-\theta_s(t)] \tag{5.38}$$

其拉氏变换为：

$$\boldsymbol{E}(S)=\boldsymbol{\Theta}_d(S)-\boldsymbol{\Theta}_s(S) \tag{5.39}$$

$$\boldsymbol{\Theta}_s(S)=\eta\boldsymbol{\Theta}_m(S) \tag{5.40}$$

$$\boldsymbol{V}_m(S)=K_{\boldsymbol{\Theta}}[\boldsymbol{\Theta}_d(S)-\boldsymbol{\Theta}_s(S)] \tag{5.41}$$

式中，K_Θ 为变换系数。

图 5.13(a)给出这种位置控制器的方框图。从式(5.35)至式(5.41)可得其开环传递函数为：

$$\frac{\boldsymbol{\Theta}_s(S)}{\boldsymbol{E}(S)}=\frac{\eta K_\theta K_I}{S[L_mJS^2+(R_mJ+L_mB)S+(R_mB+k_eK_I)]} \tag{5.42}$$

由于实际上 $\omega L_m \ll R_m$，所以可以忽略式(5.42)中含有 L_m 的项，式(5.42)也就简化为：

$$\frac{\boldsymbol{\Theta}_s(S)}{\boldsymbol{E}(S)}=\frac{\eta K_\theta K_I}{S(R_mJS+R_mB+k_eK_I)} \tag{5.43}$$

再求闭环传递函数：

$$\begin{aligned}\frac{\boldsymbol{\Theta}_s(S)}{\boldsymbol{\Theta}_d(S)}&=\frac{\boldsymbol{\Theta}_s(S)/\boldsymbol{E}(S)}{1+\boldsymbol{\Theta}_s(S)/\boldsymbol{E}(S)}\\&=\frac{\eta K_\theta K_I}{R_mJ}\cdot\frac{1}{S^2+(R_mB+K_Ik_e)S/(R_mJ)+\eta K_\theta K_I/(R_mJ)}\end{aligned} \tag{5.44}$$

式(5.44)即为二阶系统的闭环传递函数。从理论上，认为它总是稳定的。要提高响应速度，通常就是要提高系统的增量(如增大比例放大系数)以及由电动机传动轴速度负反馈为系统引入阻尼，以加强反电势的作用。要做到这一点，可以采用测速发电机，或者计算一定时间间隔内传动轴角位移的差值。图 5.13(b)即为具有速度反馈的位置控制系统。图中，K_t 为测速发电机的传递系数；K_1 为速度反馈信号放大器的增益。因为电动机电枢回路的反馈电压已经从 $k_e\theta_m(t)$ 变为：

$$k_e\theta_m(t)+K_1K_t\theta_m(t)=(k_e+K_1K_t)\theta_m(t) \tag{5.45}$$

所以其开环传递函数和闭环传递函数也相应变为：

$$\frac{\boldsymbol{\Theta}_s(S)}{\boldsymbol{E}(S)}=\frac{\eta K_\theta}{S}\cdot\frac{S\boldsymbol{\Theta}_m(S)}{K_\theta \boldsymbol{E}(S)}=\frac{\eta K_\theta K_I}{R_mJS^2+[R_mB+K_I(k_e+K_1K_t)]S} \tag{5.46}$$

$$\frac{\boldsymbol{\Theta}_s(S)}{\boldsymbol{\Theta}_d(S)}=\frac{\boldsymbol{\Theta}_s(S)/\boldsymbol{E}(S)}{1+\boldsymbol{\Theta}_s(S)/\boldsymbol{E}(S)}=\frac{\eta K_\theta K_I}{R_mJS^2+[R_mB+K_I(k_e+K_1K_t)]S+\eta K_\theta K_I} \tag{5.47}$$

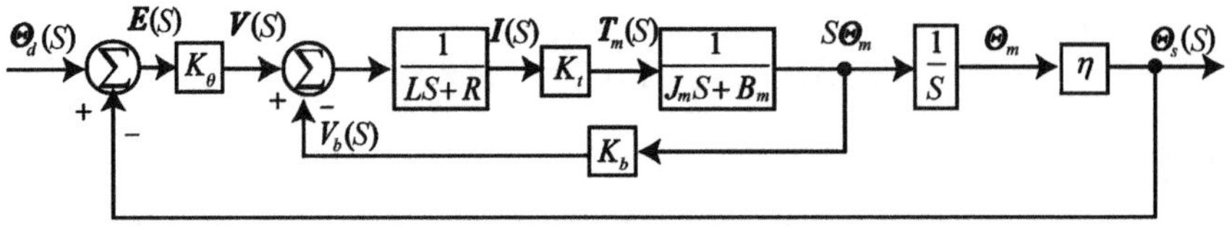

(a) 位置控制器方框图

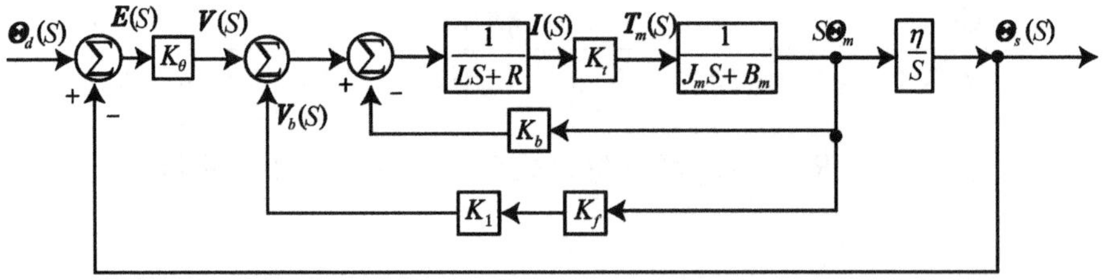

(b) 具有速度负反馈的位置控制器

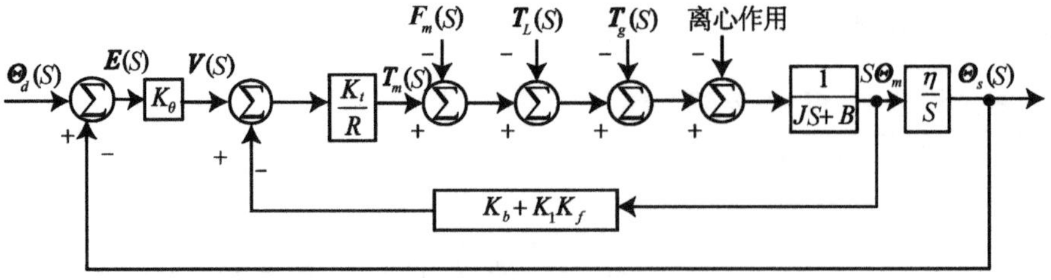

(c) 位置控制器框图简化

图 5.13　机械手位置控制器结构图

对于某台具体的机器人来说，其特征参数 η、K_I、K_t、k_e、R_m、J 和 B 等的数值是由部件的制造厂家提供的，或者通过实验测定。例如，斯坦福机械手的关节 1 和关节 2 的组合装置，分别包括 U9M4T 和 U12M4T 型直流电动机以及 030/105 型测速发电机，其有关参数如表 5.1 所示。

表 5.1 电动机-测速机机组参数值

型号	U9M4T	U12M4T
K_I/(oz·in/A)	6.1	14.4
J_a/(oz·in·S^2/rad)	0.008	0.033
B_m/(oz·in·S/rad)	0.011 46	0.042 97
k_e/(V·S/rad)	0.042 97	0.101 23
L_m/μH	100	100
R_m/Ω	1.025	0.91
K_t/(V·S/rad)	0.021 49	0.050 62
f_m/(pz·in)	6.0	6.0
η	0.01	0.01

斯坦福 JPL(喷气推进实验室)机械手每个关节的有效转动惯量如表 5.2 所示。

表 5.2 斯坦福 JPL 机械手有效惯量

关节号码	最小值(空载时) /(kg·m^2)	最大值(空载时) /(kg·m^2)	最大值(满载时) /(kg·m^2)
1	1.417	6.176	9.570
2	3.590	6.950	10.300
3	7.257	7.257	9.057
4	0.108	0.123	0.234
5	0.114	0.114	0.225
6	0.040	0.040	0.040

值得注意的是，变换常数 K_θ 和放大器增益 K_1 必须根据相应的机器人结构谐振频率和阻尼系数来确定。

电动机必须克服电动机-测速机组的平均摩擦力矩 $\boldsymbol{f}_m$、外加负载力矩 T_L、重力矩 T_g 以及离心作用力矩 T_c。这些物理量表示实际附加负载对机器人的作用。把这些作用加入图 5.13(b) 所示位置控制器方框图中电动机产生的有关力矩的作用点上，即可得如图 5.13(c) 所示的控制方框图。图中，$\boldsymbol{F}_m(S)$、$\boldsymbol{T}_L(S)$ 和 $\boldsymbol{T}_g(S)$ 分别为 f_m、T_L 和 T_g 的拉氏变换变量。

3. 参数确定及稳态误差

1) K_θ 和 K_1 的确定

据式(5.46)，闭环传递函数可写为：

$$\frac{\boldsymbol{\Theta}_s(S)}{\boldsymbol{\Theta}_d(S)}=\frac{\eta K_\theta K_I}{R_m J}\cdot\frac{1}{S^2+[R_m B+K_I(k_e+K_1K_t)S/(R_mJ)+\eta K_\theta K_1/(R_mJ)]} \tag{5.48}$$

因此，闭环系统的特征方程式为：

$$S^2+[R_mB+K_I(k_e+K_1K_t)]S/R_mJ+\eta K_\theta K_I/R_mJ=0 \tag{5.49}$$

一般把上式表示为：

$$S^2+2\xi\omega_nS+\omega_n^2=0 \tag{5.50}$$

这时，

$$\begin{cases}\omega_n=\sqrt{\eta K_\theta K_I/R_mJ}>0\\ 2\xi\omega_n=[R_mB+K_I(k_e+K_1K_t)]/R_mJ\end{cases} \tag{5.51}$$

于是可得：

$$\xi=[R_mB+K_I(k_e+K_1K_t)]/2\sqrt{\eta K_\theta K_IR_mJ} \tag{5.52}$$

令 k_{eff} 为机器人关节的有效刚度，ω_r 为关节结构谐振频率，ω 为有效惯量为 J_{eff} 的关节测量结构谐振频率，则：

$$\begin{cases}\omega_r=\sqrt{k_{\text{eff}}/J}\\ \omega=\sqrt{k_{\text{eff}}/J_{\text{eff}}}\\ \omega_r=\omega\sqrt{J_{\text{eff}}/J}\end{cases} \tag{5.53}$$

测量得到斯坦福机械手的 ω 及其对应的 J_{eff} 值如表 5.3 所示。

表 5.3 斯坦福机械手的测量结构谐振频率

关节号码	J_{eff}	f	$\omega=2\pi f/(\text{rad/s})$
1	5	4	25.132 7
2	5	6	37.699 1
3	7	20	125.663 6
4	0.1	15	94.247 7
5	0.1	15	94.247 7
6	0.04	20	125.663 6

保罗(Poul)曾经建议，对于一个谨慎的安全系数为 200%的设计，必须设定自然振荡角频率 ω_n 不大于结构谐振角频率 ω_r 的一半。据式(5.51)和(5.53)可得：

$$\sqrt{\eta K_\theta K_I/R_mJ}\leqslant\frac{\omega}{2}\sqrt{J_{\text{eff}}/J}\Rightarrow K_\theta\leqslant J_{\text{eff}}\omega^2R_m/4\eta K_I \tag{5.54}$$

上式确定了 K_θ 的上限。下面讨论 K_1 变化范围。实际上，要防止机器人的位置控制器处于低阻尼工作状态，必须要求 $\xi \geqslant 1$。据式(5.52)有：

$$R_m B + K_I(k_e + K_1 K_t) \geqslant 2\sqrt{\eta K_\theta K_I R_m J} > 0 \tag{5.55}$$

把式(5.54)代入上式得：

$$K_1 \geqslant R_m(\omega / \sqrt{J_{\text{eff}}} - B) / K_I K_t - k_e / K_t \tag{5.56}$$

因为 J 值随负载变化，所以 K_1 的低限也随之相应变化。为简化控制器设计，必须固定放大器的增益。于是，把最大的 J 值代入式(5.56)，就不会出现欠阻尼系统的任何可能性。

2) 关节控制器的稳态误差

在图5.13(c)中，由于引入 f_m、T_1、T_g 和 T_c 等实际附加负载，使控制器的闭环传递函数发生变化。必须推导出新的闭环传递函数。由图5.13可知：

$$(JS + B)S\boldsymbol{\Theta}_m(S) = \boldsymbol{T}_m(S) - \boldsymbol{F}_m(S) - \boldsymbol{T}_g(S) - n\boldsymbol{T}_L(S) \tag{5.57}$$

式(5.56)未考虑离心作用，又由图5.13(c)可知：

$$\boldsymbol{T}_m(S) = K_I[\mathbf{V}(S) - S(k_e + K_1 K_t)\boldsymbol{\Theta}_s(S)/n]/R \tag{5.58}$$

$$\mathbf{V}(S) = K_\theta[\boldsymbol{\Theta}_d(S) - \boldsymbol{\Theta}_s(S)] \tag{5.59}$$

经代数运算后得：

$$\boldsymbol{\Theta}_s(S) = \{nK_\theta K_I \boldsymbol{\Theta}_d(S) - \eta R[\boldsymbol{F}_m(S) + \boldsymbol{T}_g(S) + \eta \boldsymbol{T}_L(S)]\}/\boldsymbol{\Omega}(S) \tag{5.60}$$

$$\boldsymbol{\Omega}(S) = R_m J S^2 + [R_m B + K_I(k_e + K_1 K_t)]S + \eta K_\theta K_I \tag{5.61}$$

无论什么时候，当 $\boldsymbol{F}_m(S)$、$\boldsymbol{T}_g(S)$ 和 $\boldsymbol{T}_L(S)$ 消失时，式(5.60)就简化为式(5.48)。因为 $e(t) = \theta_d(t) - \theta_s(t)$

所以据式(5.60)可得：

$$\begin{aligned} \boldsymbol{E}(S) &= \boldsymbol{\Theta}_d(S) - \boldsymbol{\Theta}_s(S) \\ &= \{R_m J S^2 + [R_m B + K_I(k_e + K_1 K_t)]S\}\boldsymbol{\Theta}_d(S) \\ &\quad + nR[\boldsymbol{F}_m(S) + \boldsymbol{T}_g(S) + \eta \boldsymbol{T}_L(S)]/\boldsymbol{\Omega}(S) \end{aligned} \tag{5.62}$$

负载为恒值时，$T_L = C_L$，$f_m = C_f$ 和 $T_g = C_g$ 也均为恒值，所以 $\boldsymbol{T}_L(S) = C_L/S$，$\boldsymbol{F}_m(S) = \boldsymbol{C}_f/S$，$\boldsymbol{T}_g(S) = C_g/S$，而且式(5.62)变换为：

$$\begin{aligned} \boldsymbol{E}(S) = &\{R_m J S^2 + [R_m B + K_I(k_e + K_1 K_t)]S\}\boldsymbol{X}(S) \\ &+ nR[(C_f + C_g + \eta C_L)/S]/\boldsymbol{\Omega}(S) \end{aligned} \tag{5.63}$$

式中，$\boldsymbol{X}(S)$ 取代 $\boldsymbol{\Theta}_d(S)$，以表示广义输入指令。

应用终值定理能够确定稳态误差：

$$e_{ss}\lim_{t\to\infty}(t)=\lim_{s\to 0}SE(S)$$

当输入为一恒定位移 C_θ 时：

$$X(S)=\Theta_d(S)=C_\theta/S \tag{5.64}$$

于是可得稳态位置误差为：

$$e_{ssp}=R_m(C_f+C_g+\eta C_L)/K_\theta K_I \tag{5.65}$$

位置控制器的稳态位置误差，可由要求的补偿力矩信号限制在允许范围内。

应用自动控制的一般原理与方法，还可以分析控制器的稳态速度误差和加速度误差。

5.3 机器人的力和位置混合控制

5.3.1 力和位置混合控制方案

有多种对机械手进行力和位置控制的方案，下面列举几种典型的方案。

1. 主动刚性控制

图 5.14 所示为一个主动刚性控制(active stiffness control)系统方框图。

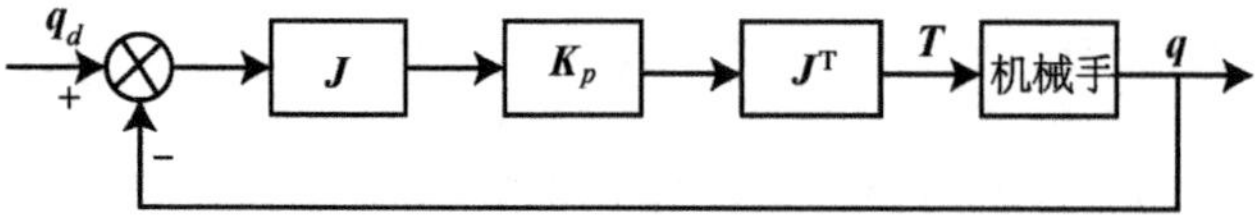

图 5.14 主动刚性控制系统方框图

图中，$\boldsymbol{J}$ 为机械手末端执行装置的雅可比矩阵；$\boldsymbol{K}_p$ 为定义于末端直角坐标系的刚性对角矩阵。如果在某个方向上遇到实际约束，那么这个方向的刚性应当降低，以保证有较低的结构应力；反之，在某些不希望碰到实际约束的方向上，则应加大刚性，这样可使机械手紧紧跟随期望轨迹。于是，就能够通过改变刚性来适应变化的作业要求。

2. 雷伯特-克雷格位置/力混合控制器

雷伯特(M. H. Raibert)和克雷格(J. J. Crnig)于 1981 年进行了机器人机械手位置和力混合控制的重要实验，并取得良好结果。后来，就称这种控制器为 R-C 控制器。

图 5.15 表示 R-C 控制器的结构。其中，$\boldsymbol{S}$ 和 $\bar{\boldsymbol{S}}$ 为适从选择矩阵；$\boldsymbol{x}_d$ 和 $\boldsymbol{F}_d$ 为定义于直角坐标系的期望位置和力的轨迹；$P(\boldsymbol{q})$ 为机械手运动学方程；${}^c\boldsymbol{T}$ 为力变换矩阵。

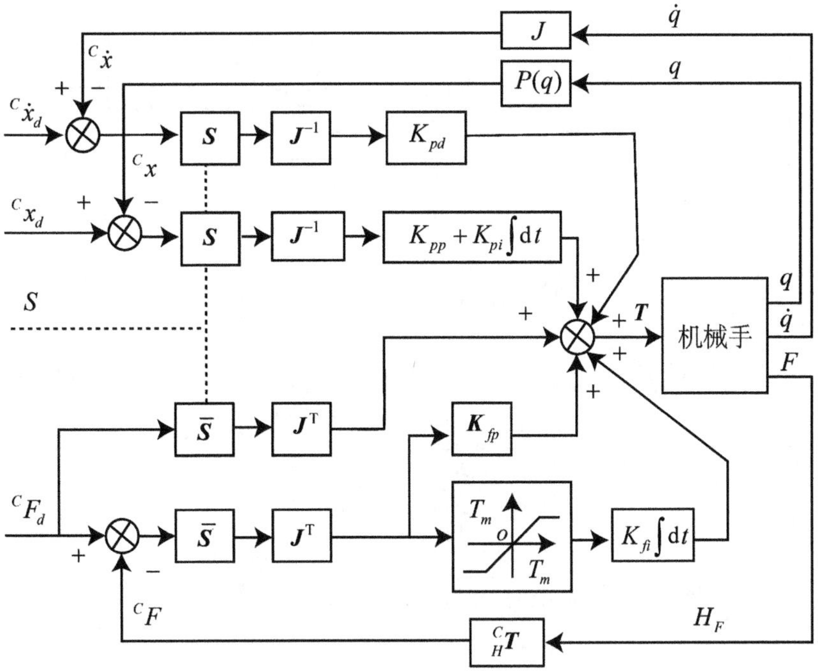

图 5.15　R-C 控制器的结构

这种 R-C 控制器没有考虑机械手动态耦合的影响，会导致机械手在工作空间某些非奇异位置上出现不稳定。在深入分析 R-C 系统所存在的问题后，可对之进行如下改进：

(1) 在混合控制器中考虑机械手的动态影响，并对机械手所受重力及科氏力(科里奥利力)和向心力进行补偿。

(2) 考虑力控制系统的欠阻尼特性，在力控制回路中加入阻尼反馈，削弱振荡因素。

(3) 引入加速度前馈，满足作业任务对加速度的要求，可使速度平滑过渡。

改进后的 R-C 力/位置混合控制系统结构如图 5.16 所示。其中，$\hat{M}(\boldsymbol{q})$ 为机械手的惯量矩阵模型。

3. 操作空间力和位置混合控制系统

由于机器人机械手是通过工具进行操作作业的，所以其末端工具的动态性能将直接影响操作质量。又因末端的运动是所有关节运动的复杂函数，因此即使每个关节的动态性能可行，而末端的动态性能则未必能满足要求。当动态摩擦和连杆挠性特别显著时，使用传统的伺服控制技术将无法保证作业要求。因此，有必要在 $\{C\}$ 坐标系中直接建立控制算法，以满足作业性能要求。图 5.17 就是卡蒂布(Khatib)设计的操作空间力和位置混合控制系统的结构图。其中，$\boldsymbol{\Lambda}(\boldsymbol{x})=\boldsymbol{J}^{-T}M(\boldsymbol{q})\boldsymbol{J}^{-1}$ 为机械手末端的动能矩阵；$\widetilde{C}(\boldsymbol{q},\dot{\boldsymbol{q}})=C(\boldsymbol{q},\dot{\boldsymbol{q}})-\boldsymbol{J}^{T}\boldsymbol{\Lambda}(\boldsymbol{x})\dot{\boldsymbol{J}}\dot{\boldsymbol{q}}$；$\boldsymbol{K}_p$、$\boldsymbol{K}_v$、$\boldsymbol{K}_i$、$\boldsymbol{K}_{vf}$ 和 $\boldsymbol{K}_{ji}$ 为 PID 常增益对角矩阵。

此外，还有阻力控制和速度/力混合控制等。

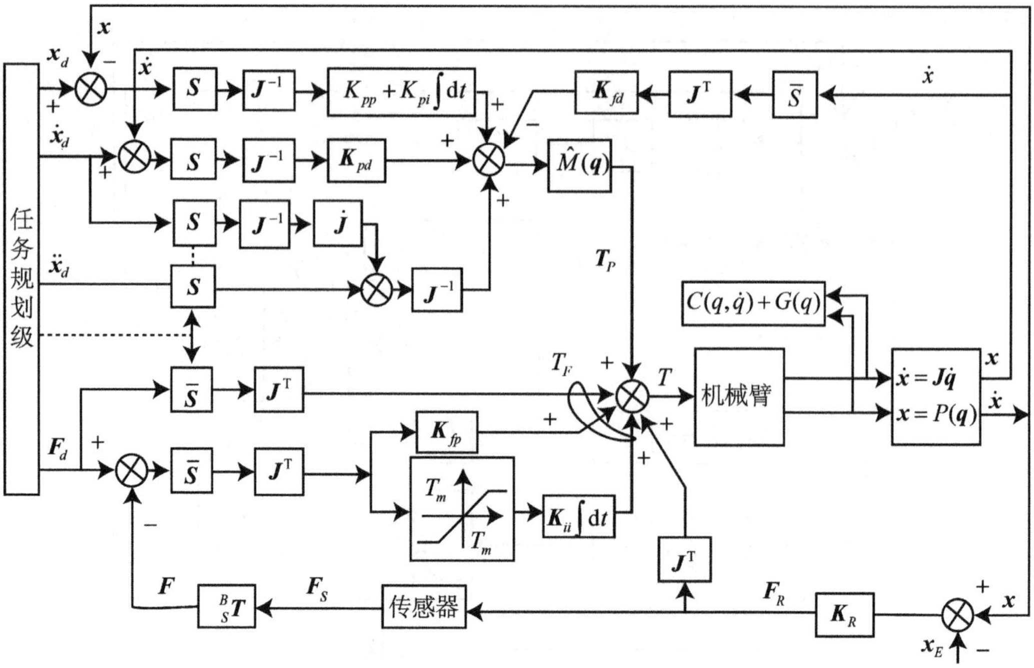

图 5.16　改进后的 R-C 混合控制系统结构

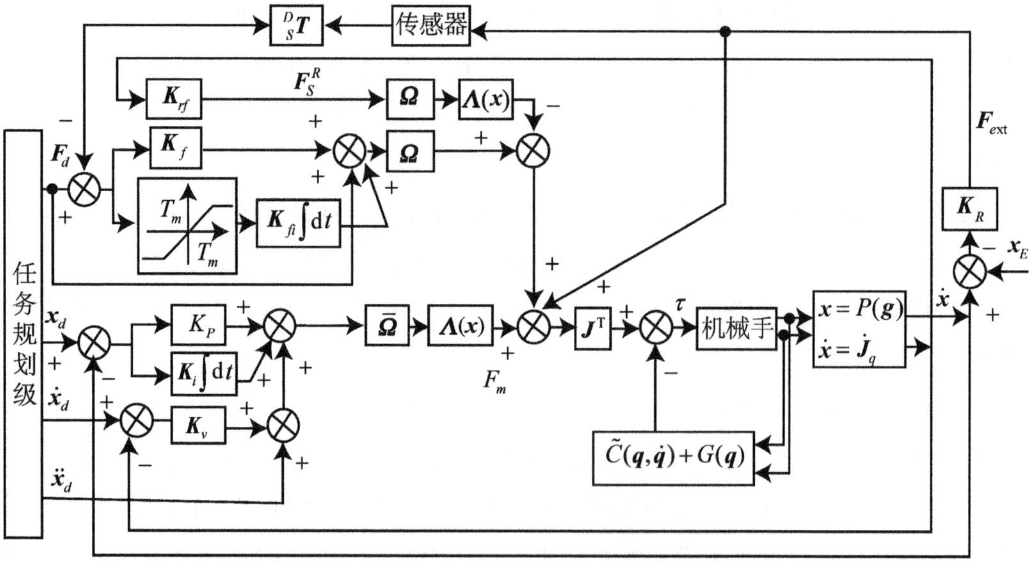

图 5.17　操作空间力/位置混合控制系统结构

5.3.2　力和位置混合控制系统控制规律的综合

这里仅以 R-C 控制器为例来讨论力/位置混合控制系统的控制规律。

1. 位置控制规律

断开图 5.16 中所有力前馈和力反馈通道，并令 $\bar{\boldsymbol{S}}$ 为零矩阵，$\boldsymbol{S}$ 为单位矩阵，约束反力为 0，则系统成为一个具有科氏力、重力和向心力补偿，以及具有加速度前馈的标准 PID 位置控制系统。图中的积分环节用于提高系统的稳态精度。当不考虑积分环节作用时，系统的控制器方程为：

$$\boldsymbol{T}=\hat{M}(\boldsymbol{q})[\boldsymbol{J}^{-1}(\ddot{\boldsymbol{x}}_d-\dot{\boldsymbol{J}}\boldsymbol{J}^{-1}\dot{\boldsymbol{x}}_d)+\boldsymbol{K}_{pd}\boldsymbol{J}^{-1}(\dot{\boldsymbol{x}}_d-\dot{\boldsymbol{x}})+\boldsymbol{K}_{qq}\boldsymbol{J}^{-1}(\boldsymbol{x}_d-\boldsymbol{x})]+ C(\boldsymbol{q},\dot{\boldsymbol{q}})+G(\boldsymbol{q})$$

或者

$$\boldsymbol{T}=\hat{M}(\boldsymbol{q})[\ddot{\boldsymbol{q}}_d+\boldsymbol{K}_{qd}(\dot{\boldsymbol{q}}_d-\dot{\boldsymbol{q}})+\boldsymbol{K}_{pp}(\boldsymbol{q}_d-\boldsymbol{q})]+C(\boldsymbol{q},\dot{\boldsymbol{q}})+G(\boldsymbol{q}) \tag{5.66}$$

令

$$\Delta\boldsymbol{q}=\boldsymbol{J}^{-1}(\boldsymbol{x}-\boldsymbol{x}_d)=\boldsymbol{J}^{-1}\Delta\boldsymbol{x}=\boldsymbol{q}-\boldsymbol{q}_d \tag{5.67}$$

将式(5.65)代入下列机械手动态方程：

$$\boldsymbol{T}=M(\boldsymbol{q})\ddot{\boldsymbol{q}}+C(\boldsymbol{q},\dot{\boldsymbol{q}})+G(\boldsymbol{q})-\boldsymbol{J}^{\mathrm{T}}\boldsymbol{F}_{\mathrm{ext}} \tag{5.68}$$

式中，取 $\hat{M}(\boldsymbol{q})=M(\boldsymbol{q})$，而 F_{ext} 为外界施于系统的约束反力矩。于是，可得闭环系统的动态方程：

$$\Delta\ddot{\boldsymbol{q}}=\boldsymbol{K}_{qd}\Delta\dot{\boldsymbol{q}}+\boldsymbol{K}_{pp}\Delta\boldsymbol{q}=0 \tag{5.69}$$

取 $\boldsymbol{K}_{pp}$、$\boldsymbol{K}_{qd}$ 为对角矩阵，则系统变为解耦的单位质量二阶系统。增益矩阵 $\boldsymbol{K}_{pp}$、$\boldsymbol{K}_{qd}$ 的选择最好使得机械手各关节的动态响应特性为近似临界阻尼状态，或者有点过阻尼状态，因为机械手的控制是不允许超调的。

取

$$\boldsymbol{K}_{pd}=2\xi\omega_n\boldsymbol{I} \tag{5.70}$$

$$\boldsymbol{K}_{pp}=\omega_n^2\boldsymbol{I} \tag{5.71}$$

式中，$\boldsymbol{I}$ 为单位矩阵；ω_n 为系统自然振荡频率；ξ 为系统的阻尼比，一般 $\xi\geqslant1$。若取 $\omega_n=20$，$\xi=1$，则 $\boldsymbol{K}_{pd}=40\boldsymbol{I}$，$\boldsymbol{K}_{pp}=400\boldsymbol{I}$。

积分增益 K_{pi} 不宜选得过大，否则，当系统初始偏差较大时，会引起不稳定。

2. 力控制规律

令图 5.17 中的位置适从选择矩阵 $\boldsymbol{S}=\boldsymbol{0}$，控制末端在基坐标系 z_0 方向上受到反作用力。设约束表面为刚体，末端受力如图 5.18 所示。

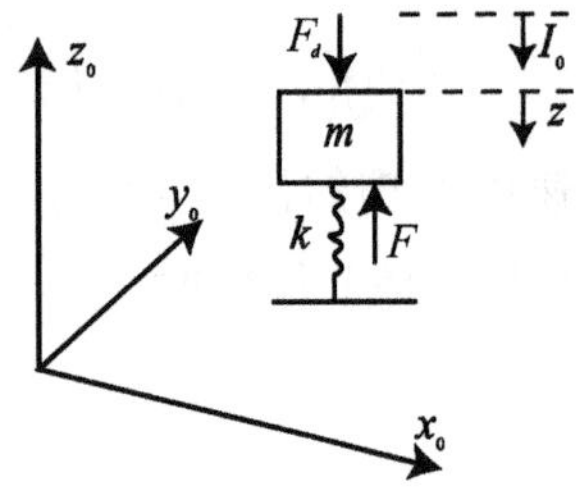

图 5-18　机械手末端受力图

那么，对三连杆机械手进行力控制时，力控制选择矩阵为：

$$\bar{\boldsymbol{S}}=\begin{bmatrix}0&0&0\\0&0&0\\0&0&1\end{bmatrix} \tag{5.72}$$

希望的力为：

$$\boldsymbol{F}_d=\begin{bmatrix}0\\0\\-f_d\end{bmatrix} \tag{5.73}$$

约束反力为：

$$\boldsymbol{F}_R=\begin{bmatrix}0\\0\\f\end{bmatrix} \tag{5.74}$$

式中，f 值由弹簧长度及末端与约束面接触与否而定。则不考虑积分作用时的控制器方程为：

$$\boldsymbol{T}=\boldsymbol{J}^{\mathrm{T}}\bar{\boldsymbol{S}}\boldsymbol{F}_d+\boldsymbol{K}_{fp}\boldsymbol{J}^{\mathrm{T}}\bar{\boldsymbol{S}}(\boldsymbol{F}_d+\boldsymbol{F}_R)+C(\boldsymbol{q},\dot{\boldsymbol{q}})+G(\boldsymbol{q})-M(\boldsymbol{q})\boldsymbol{K}_{fd}\boldsymbol{J}^{\mathrm{T}}\bar{\boldsymbol{S}}\boldsymbol{J}\dot{\boldsymbol{q}} \tag{5.75}$$

将式(5.75)代入 $\delta\boldsymbol{q}=\boldsymbol{J}^{-1}\delta\boldsymbol{x}$ 得：

$$\begin{bmatrix}\ddot{q}_1\\\ddot{q}_2\\\ddot{q}_3\end{bmatrix}+\boldsymbol{K}_{fd}\boldsymbol{J}^{\mathrm{T}}\bar{\boldsymbol{S}}\boldsymbol{J}\begin{bmatrix}\dot{q}_1\\\dot{q}_2\\\dot{q}_3\end{bmatrix}=M^{-1}(\boldsymbol{q})(\boldsymbol{I}+\boldsymbol{K}_{fp})\boldsymbol{J}^{\mathrm{T}}\begin{bmatrix}0\\0\\f-f_d\end{bmatrix} \tag{5.76}$$

式中，

$$\boldsymbol{K}_{fd}\boldsymbol{J}^{\mathrm{T}}\bar{\boldsymbol{S}}\boldsymbol{J}=\begin{bmatrix}K_{fd1}&0&0\\0&K_{fd2}&0\\0&0&K_{fd3}\end{bmatrix}\begin{bmatrix}J_{11}&J_{21}&J_{31}\\J_{12}&J_{22}&J_{32}\\J_{13}&J_{23}&J_{33}\end{bmatrix}\begin{bmatrix}0&0&0\\0&0&0\\0&0&1\end{bmatrix}\begin{bmatrix}J_{11}&J_{12}&J_{13}\\J_{21}&J_{22}&J_{23}\\J_{31}&J_{32}&J_{33}\end{bmatrix}$$

$$=\begin{bmatrix}0&0&0\\0&K_{fd2}J_{32}^2&K_{fd2}J_{32}J_{33}\\0&K_{fd3}J_{32}J_{33}&K_{fd3}J_{33}^2\end{bmatrix}$$

令

$$M^{-1}(\boldsymbol{q})=\begin{bmatrix}a&0&0\\0&b&c\\0&c&d\end{bmatrix}$$

$$式(5.76)右边=\begin{bmatrix} 0 \\ [J_{32}b(1+K_{fp2})+J_{33}c(1+K_{fp3})](f-f_d) \\ [J_{32}c(1+K_{fp2})+J_{33}d(1+K_{fp3})](f-f_d) \end{bmatrix}$$

$$=\begin{bmatrix} 0 \\ H_1(f-f_d) \\ H_2(f-f_d) \end{bmatrix}$$

$$式(5.76)左边=\begin{bmatrix} \ddot{q}_1 \\ \ddot{q}_2+J_{32}^2K_{fd2}\dot{q}_2+J_{32}J_{33}K_{fd2}\dot{q}_3 \\ \ddot{q}_3+J_{33}^2K_{fd3}\dot{q}_3+J_{32}J_{33}K_{fd3}\dot{q}_2 \end{bmatrix}$$

则得闭环系统的动态方程：

$$\begin{cases} \ddot{q}_1=0 \\ \ddot{q}_2+J_{32}^2K_{fd2}\dot{q}_2+J_{32}J_{33}K_{fd2}\dot{q}_3=H_1(f-f_d) \\ \ddot{q}_3+J_{33}^2K_{fd3}\dot{q}_3+J_{32}J_{33}K_{fd3}\dot{q}_2=H_2(f-f_d) \end{cases} \tag{5.77}$$

式中，$H_1>0$；$H_2>0$。

方程式(5.77)表明，关节1对力控制不起作用，关节2和关节3对力控制有作用。动态方程开始时或刚发生接触时，如果约束面刚性较大，往往有 $f \gg f_d$；要是反馈比例增益 $\boldsymbol{K}_{fd}$ 选得过大，必然会使关节2和关节3很快加速或者减速，那么机械手末端就会不停地与接触面碰撞，甚至引起系统振荡。力反馈阻尼增益 $\boldsymbol{K}_{fd}$ 越大，系统就越稳定，但快速性变差。$\boldsymbol{K}_{fd}$ 的选择与多种因素有关。积分增益 K_{ji} 也不宜选得过大，并在其前面串接一个非线性限幅器。因为末端与约束面发生碰撞时，力偏差信号很大。

3. 力和位置混合控制规律

设约束坐标与基坐标重合。如果要求作业在基坐标系的 z_0 方向进行力控制。在某个与 x_0oy_0 平面平行的约束面上进行位置控制，则选择矩阵为：

$$位置\ \boldsymbol{S}=\begin{bmatrix} 1 & 0 & 0 \\ 0 & 1 & 0 \\ 0 & 0 & 0 \end{bmatrix}，力\ \bar{\boldsymbol{S}}=\begin{bmatrix} 0 & 0 & 0 \\ 0 & 0 & 0 \\ 0 & 0 & 1 \end{bmatrix}$$

期望末端轨迹：

$$\begin{cases} \boldsymbol{x}_d(t)=[x_d \quad y_d \quad z_d]^{\mathrm{T}} \\ \boldsymbol{F}_d(t)=[0 \quad 0 \quad -f_d]^{\mathrm{T}} \end{cases} \tag{5.78}$$

实际末端轨迹：$\boldsymbol{x}(t)=[x \quad y \quad z]^{\mathrm{T}}$，$\boldsymbol{F}_{\mathrm{ext}}(t)=[0 \quad 0 \quad f]^{\mathrm{T}}$

于是，对图5.17系统有：

$$\begin{cases}\boldsymbol{T}_p = M(\boldsymbol{q})[\boldsymbol{J}^{-1}(\boldsymbol{S}\ddot{\boldsymbol{x}}_d - \dot{\boldsymbol{J}}\boldsymbol{J}^{-1}\boldsymbol{S}\dot{\boldsymbol{x}}_d)] + \boldsymbol{K}_{pd}\boldsymbol{J}^{-1}\boldsymbol{S}(\dot{\boldsymbol{x}}_d - \dot{\boldsymbol{x}}) + \boldsymbol{K}_{pp}\boldsymbol{J}^{-1}\boldsymbol{S}(\boldsymbol{x}_d - \boldsymbol{x}) - M(\boldsymbol{q})\boldsymbol{K}_{pd}\boldsymbol{J}^{\mathrm{T}}\bar{\boldsymbol{S}}\dot{\boldsymbol{x}} \\ \boldsymbol{T}_F = \boldsymbol{J}^{\mathrm{T}}\bar{\boldsymbol{S}}\boldsymbol{F}_d + \boldsymbol{K}_{fd}\boldsymbol{J}^{-1}\bar{\boldsymbol{S}}(\boldsymbol{F}_d + \boldsymbol{F})\end{cases} \tag{5.79}$$

对机械手的控制输入：

$$\boldsymbol{T} = \boldsymbol{T}_p + \boldsymbol{T}_F + C(\boldsymbol{q}, \dot{\boldsymbol{q}}) + G(\boldsymbol{q}) \tag{5.80}$$

由式(5.80)和牛顿第二定理：

$$M(\boldsymbol{q})\ddot{\boldsymbol{q}} = \boldsymbol{T}_p + \boldsymbol{T}_F + \boldsymbol{J}^{\mathrm{T}}\boldsymbol{F}_{\mathrm{ext}} \tag{5.81}$$

或

$$M(\boldsymbol{q})\boldsymbol{J}^{-1}(\ddot{\boldsymbol{x}} - \dot{\boldsymbol{J}}\boldsymbol{J}^{-1}\dot{\boldsymbol{x}}) = \boldsymbol{T}_p + \boldsymbol{T}_F + \boldsymbol{J}^{\mathrm{T}}\boldsymbol{F}_{\mathrm{ext}} \tag{5.82}$$

将式(5.79)代入式(5.80)得：

$$\boldsymbol{J}^{-1}\begin{bmatrix}\Delta\ddot{x}\\ \Delta\ddot{y}\\ 0\end{bmatrix} + (\boldsymbol{K}_{pd} - \boldsymbol{J}^{-1}\dot{\boldsymbol{J}})\boldsymbol{J}^{-1}\begin{bmatrix}\Delta\dot{x}\\ \Delta\dot{y}\\ 0\end{bmatrix} + \boldsymbol{K}_{pp}\boldsymbol{J}^{-1}\begin{bmatrix}\Delta x\\ \Delta y\\ 0\end{bmatrix} + \boldsymbol{J}^{-1}\begin{bmatrix}0\\ 0\\ \ddot{z}\end{bmatrix} + (\boldsymbol{K}_{fd} - \boldsymbol{J}^{-1}\dot{\boldsymbol{J}})\boldsymbol{J}^{-1}\begin{bmatrix}0\\ 0\\ \dot{z}\end{bmatrix}$$

$$= \begin{bmatrix}0\\ H_1 \cdot \Delta f\\ H_2 \cdot \Delta f\end{bmatrix} \tag{5.83}$$

式中，$\Delta x = x - x_d$；$\Delta y = y - y_d$；$\Delta f = f - f_d$。H_1 和 H_2 见式(5.77)，若取

$$\begin{cases}\boldsymbol{K}_{pd} = \boldsymbol{J}^{-1}\boldsymbol{K}'_{pd}\boldsymbol{J} + \boldsymbol{J}^{-1}\dot{\boldsymbol{J}}\\ \boldsymbol{K}_{pp} = \boldsymbol{J}^{-1}\boldsymbol{K}'_{pp}\boldsymbol{J}\\ \boldsymbol{K}_{fd} = \boldsymbol{J}^{-1}\boldsymbol{K}'_{fd}\boldsymbol{J} + \boldsymbol{J}^{-1}\dot{\boldsymbol{J}}\end{cases} \tag{5.84}$$

式中，$\boldsymbol{K}'_{pd}$、$\boldsymbol{K}'_{pp}$、$\boldsymbol{K}'_{fd}$ 均为正定对角矩阵。把式(5.84)代入式(5.83)可得：

$$\begin{bmatrix}\Delta\ddot{x} + K'_{pd1}\Delta\dot{x} + K'_{pp1}\Delta x\\ \Delta\ddot{y} + K'_{pd2}\Delta\dot{y} + K'_{pp2}\Delta y\\ \ddot{z} + K'_{fd3}\dot{z}\end{bmatrix} = \boldsymbol{J}\begin{bmatrix}0\\ H_1 \cdot \Delta f\\ H_2 \cdot \Delta f\end{bmatrix} = \begin{bmatrix}J_{12}H_1 + J_{13}H_2\\ J_{22}H_1 + J_{23}H_2\\ J_{32}H_1 + J_{33}H_2\end{bmatrix}\Delta f \tag{5.85}$$

因为 $J_{32}H_1 + J_{33}H_2 > 0$，取 $K'_{fd3} > 0$，式(5.85)中的第 3 个方程稳定。

式(5.85)表明，只有当 $\Delta f = 0$ 时，力和位置混合控制系统中的力控制与位置控制才互不影响。仿真实验证实了这一结论。因此，混合控制系统中的力控制子系统的性能会对整个系统产生重要的作用。

5.4 机器人的分解运动控制

在机器人运动学中，若已知机器人末端欲到达的位姿，通过运动方程的求解可求出各关节需转过的角度。所以，运动过程中各个关节的运动并不是相互独立的，而是各轴相互关联、协调地运动。机器人运动的控制实际上是通过各轴伺服系统分别控制来实现的。所以，机器人末端执行器的运动必须分解到各个轴，即分解为各个轴的速度、加速度和力或力矩，由各轴伺服系统的独立控制来完成。然而，各轴伺服系统的控制往往在关节坐标系下进行，而用户通常采用直角坐标系来表示末端执行器的位姿，所以有必要进行各种运动参数[包括速度、加速度和力(或力矩)]的分解运动控制。分解运动控制能很大程度上化简为完成某个任务而对运动顺序提出的要求。本节将讨论分解运动的求解问题。

5.4.1 机器人分解运动的速度控制

分解运动的速度控制要求各伺服系统的驱动器以不同的分速度同时联合运行，能保证机器人末端执行器沿直角坐标系轴稳定地运行。控制是先把末端执行器期望的直角坐标系下的位姿分解为各关节的期望速度，然后再对各关节进行伺服控制。

一台 n 个自由度的机器人的末端执行器在直角坐标系下的位姿矢量可用下式表示：

$$\boldsymbol{X}(t)=\begin{bmatrix}P_X & P_Y & P_Z & \psi & \theta & \varphi\end{bmatrix}^{\mathrm{T}} \tag{5.86}$$

而机器人的广义关节坐标矢量表示为：

$$\boldsymbol{q}(t)=\begin{bmatrix}q_1 & q_2 & \cdots & q_n\end{bmatrix}^{\mathrm{T}} \tag{5.87}$$

则两者之间的关系表示为：

$$\boldsymbol{X}(t)=f(\boldsymbol{q}) \tag{5.88}$$

假设机器人操作空间的自由度数为 m，则机器人关节角与直角坐标系间的关系用式(5.88)的非线性函数来表示。如果对式(5.88)求一阶导数，则可得到：

$$\dot{\boldsymbol{X}}(t)=\boldsymbol{J}(\boldsymbol{q})\dot{\boldsymbol{q}}(t) \tag{5.89}$$

式中，$\boldsymbol{J}(\boldsymbol{q})$ 表示机器人关于关节广义坐标矢量 $\boldsymbol{q}(t)$ 的雅可比矩阵，即：

$$J_{ij}=\frac{\partial f_i}{\partial q_j}\quad(1\leqslant i\leqslant m,\ 1\leqslant j\leqslant n) \tag{5.90}$$

$\dot{\boldsymbol{X}}(t)$ 为机器人在直角坐标系中给出的期望速度；$\dot{\boldsymbol{q}}(t)$ 为机器人在关节空间中对应的关节速度。通过式(5.89)建立了两种速度之间的对应关系。

为了求得对应于 $\dot{\boldsymbol{X}}(t)$ 的 $\dot{\boldsymbol{q}}(t)$，需要对机器人操作空间的自由度数 m 和机器人本身的自由度数 n 进行讨论。

当 $m=n$，机器人操作空间的自由度数和机器人本身的自由度数相等，即机器人自由度非冗余，其雅可比矩阵可直接求逆，则通过式(5.89)可直接求出 $\dot{\boldsymbol{q}}(t)$，即：

$$\dot{\boldsymbol{q}}(t)=\boldsymbol{J}^{-1}(\boldsymbol{q})\dot{\boldsymbol{X}}(t) \tag{5.91}$$

已知直角坐标系下的期望速度，可方便地求出满足此期望速度的机器人各关节驱动器的关节速度组合。

当 $m<n$ 时，机器人自由度是冗余的，其雅可比矩阵不存在。根据矩阵理论中广义逆矩阵的知识可得：

$$\dot{\boldsymbol{q}}(t)=\boldsymbol{J}^{+}(\boldsymbol{q})\dot{\boldsymbol{X}}(t) \tag{5.92}$$

为式(5.89)的最小二乘解。式 $\boldsymbol{J}^{+}(\boldsymbol{q})$ 为矩阵 $\boldsymbol{J}(\boldsymbol{q})$ 的广义逆矩阵，而且当 $\boldsymbol{J}(\boldsymbol{q})$ 满秩时，存在如下关系：

$$\boldsymbol{J}^{+}(\boldsymbol{q})=\boldsymbol{J}(\boldsymbol{q})^{\mathrm{T}}[\boldsymbol{J}(\boldsymbol{q})\boldsymbol{J}(\boldsymbol{q})^{\mathrm{T}}]^{-1} \tag{5.93}$$

通过式(5.93)可简化广义逆矩阵的求解。式(5.93)可简写为：

$$\boldsymbol{J}^{+}=\boldsymbol{J}^{\mathrm{T}}(\boldsymbol{J}\boldsymbol{J}^{\mathrm{T}})^{-1} \tag{5.94}$$

目前，冗余自由度机器人在机器人领域有广泛的应用，这种机器人具有自运动特性，通过这种特性可改善机器人的灵活性和可操作性，例如可使机器人实现诸如避障、避开关节角度极限位置、避开运动学奇异形位、实现最小运动能耗、改善机器人关节力矩分配等功能。

式(5.91)和式(5.92)为两种不同情况下机器人关节速度的方程，通过方程可构造机器人运动控制方案，将机器人末端的运动分解为各关节的运动，因此这种控制方法称为分解运动速度控制。

5.4.2 机器人分解运动的加速度控制

机器人分解运动的加速度控制是分解运动速度控制概念的扩展，其方法是将机器人末端执行器在直角坐标系下的加速度值分解为关节坐标系下相应各关节的加速度，这样根据相应的系统动力学模型就可以计算出所需施加到各关节电动机上的控制力矩。

对式(5.89)求导即可得机器人末端执行器的加速度：

$$\ddot{\boldsymbol{X}}(t)=\boldsymbol{J}(\boldsymbol{q})\ddot{\boldsymbol{q}}(t)+\dot{\boldsymbol{J}}(t)\dot{\boldsymbol{q}}(t) \tag{5.95}$$

式(5.95)表示了直角坐标系下和关节坐标系下加速度之间的相互关系，即对期望的直角坐标系下的加速度进行分解控制。实际上，加速度控制的目标是实现机器人末端执行器的实际位姿或使轨迹与其期望值之间的误差逐渐收敛为零。假设：

$$\boldsymbol{e}=\boldsymbol{X}_d-\boldsymbol{X} \tag{5.96}$$

式中，$\boldsymbol{e}$ 为实际位姿或轨迹与期望位姿或轨迹之间的误差；$\boldsymbol{X}_d$ 为期望的机器人末端位姿矢量；$\boldsymbol{X}$ 为实际的机器人末端位姿矢量。

要使误差 $\boldsymbol{e}$ 逐渐收敛为零，则必须满足下面的关系：

$$\ddot{\boldsymbol{e}}+k_1\dot{\boldsymbol{e}}+k_2\boldsymbol{e}=\boldsymbol{0} \tag{5.97}$$

式中，k_1、k_2 为比例系数，其值的选择应使式(5.97)特征根的实部为负数。将式(5.95)和式(5.96)同时代入式(5.97)，整理后得：

$$\ddot{\boldsymbol{q}}(t)=-k_1\dot{\boldsymbol{q}}(t)+\boldsymbol{J}^{-1}(\boldsymbol{q})[\ddot{\boldsymbol{X}}_d(t)+k_1\dot{\boldsymbol{X}}_d(t)+k_2\boldsymbol{e}(t)-\dot{\boldsymbol{J}}(t)\dot{\boldsymbol{q}}(t)] \tag{5.98}$$

式(5.98)为机器人闭环控制时分解运动加速度控制的理论基础。如果机器人末端执行器在直角坐标系下的路径已预先规划好，则末端执行器在该坐标系下的期望位姿、期望速度及期望加速度均已知，通过式(5.98)可以计算出关节坐标系下的加速度。根据机器人关节速度、加速度等值，依据机器人动力学方程，可以进一步计算出施加于机器人关节中的力或力矩。

根据机器人动力学原理，可以得到机器人动力学方程：

$$\boldsymbol{D}(\boldsymbol{q})\ddot{\boldsymbol{q}}+H(\boldsymbol{q},\dot{\boldsymbol{q}})+G(\boldsymbol{q})=\boldsymbol{\tau} \tag{5.99}$$

式中，$D(\boldsymbol{q})$ 为机器人的惯性矩阵；$H(\boldsymbol{q},\dot{\boldsymbol{q}})$ 为离心力及科氏力；$G(\boldsymbol{q})$ 为重力；$\boldsymbol{\tau}$ 为施加在机器人关节中的力/力矩。

5.5 机器人变结构控制

变结构控制早在20世纪50年代就被提出来了。限于当时的技术条件和控制手段，这种理论没得到迅速发展。近年来，计算机技术的进步，使得变结构控制技术能很快实现，并不断充实和发展，成为非线性控制的一种简单而有效的方法。

变结构控制系统的特点是，在动态控制过程中，系统的结构根据系统当时的状态偏差及其各阶导数的变化，以跃变的方式按设定的规律做相应改变。它是一类特殊的非线性控制系统。滑模变结构控制就是其中一种，该类控制系统预先在状态空间设定一个特定的超越曲面，通过不连续的控制规律，不断变换控制系统结构，使其沿着这个特定的超越曲面向平衡点滑动，最后渐渐稳定至平衡点。其特点如下：

(1) 对于系统参数的时变规律、非线性程度以及外界干扰等不需要依赖精确的数学模型，只要知道它们的变化范围，就能对系统进行精确的轨迹跟踪控制。

(2) 控制器设计对系统内部的耦合不必做专门解耦。因为设计过程本身就是解耦过程,因此在多输入多输出系统中,多个控制器设计可按各自独立系统进行,其参数选择也不十分严格。

(3) 系统进入滑态后,对系统参数及扰动变化反应迟钝,始终沿着设定滑线运动,因而具有很强的鲁棒性。

(4) 滑模变结构控制系统快速性好,无超调,计算量小,实时性强,很适合于机器人控制。

5.5.1 变结构控制的基本原理

变结构系统(VSS, varible structure system)指的变结构具有两种含义,即系统各部分间的连接关系发生变化;系统的参数产生变化。不过,这种变结构系统的控制与一般程序控制和自适应控制是不同的。程序控制在系统运行过程中改变系统结构是预先设定好的;而在变构控制中,系统结构的改变是根据误差及其导数的变化情况来确定的。自适应控制虽然也是根据误差来改变系统的参数,但是这种改变是渐变的过程,而变结构控制中参数的改变是个突变的过程。若控制对象参数不变化,自适应控制逐渐退化为定常控制,而变结构控制并不会退化到定常控制,始终保持为变结构控制。

下面考虑一般非线性动态系统:

$$y^{(n)}(t)=f(x)+b(x)u(t)+d(t) \tag{5.100}$$

其中,$u(t)$ 是控制量;$y(t)$ 是输出量;$\boldsymbol{x}=[y,\ \dot{y},\ \cdots,\ y^{(n-1)}]^{\mathrm{T}}$ 是状态矢量;$f(x)$ 是状态的非线性函数,可能无法准确获知,但假设它的不确定性范围 $|\Delta f(x)|$ 已知;$b(x)$ 也是状态的非线性函数,也假定知道它的符号及不确定性的范围;$d(t)$ 是不确定的干扰项,也假定知道它的范围。

现在的控制问题是在系统的模型参数 $f(x)$ 和 $b(x)$ 及干扰 $d(t)$ 均不准确知道的情形下,设计有效的控制 $u(t)$ 以便使系统的状态 x 跟踪给定状态 $\boldsymbol{x}_d=[y_d,\ \dot{y}_d,\ \cdots,\ y_d^{(n-1)}]^{\mathrm{T}}$。

取状态跟踪误差矢量为:

$$\tilde{\boldsymbol{x}}=\boldsymbol{x}_d-\boldsymbol{x}=[\tilde{y},\ \dot{\tilde{y}},\ \cdots,\ \tilde{y}^{(n-1)}]^{\mathrm{T}} \tag{5.101}$$

一般情况下可取开关超平面方程为:

$$s=\tilde{y}^{(n-1)}+c_1\tilde{y}^{(n-2)}+\cdots+c_{n-2}\dot{\tilde{y}}+c_{n-1}\tilde{y}=0 \tag{5.102}$$

其中,设计参数 $(c_1,\ c_2,\ \cdots,\ c_{n-1})$ 由设计人员选择。为了减少选择参数,通常选择如下的开关面方程:

$$s=\left(\frac{\mathrm{d}}{\mathrm{d}t}+\lambda\right)^{(n-1)}\tilde{y}=0 \tag{5.103}$$

其中，$\lambda > 0$。这里，只有λ是要选择的设计参数，可根据对系统的频带要求来设定。例如，当$n=2$时，开关面方程为：

$$s=\frac{\mathrm{d}\tilde{y}}{\mathrm{d}t}+\lambda\tilde{y}=0 \tag{5.104}$$

当$n=3$时，开关面方程为：

$$s=\frac{\mathrm{d}^2\tilde{y}}{\mathrm{d}t^2}+2\lambda\frac{\mathrm{d}\tilde{y}}{\mathrm{d}t}+\lambda^2\tilde{y}=0 \tag{5.105}$$

为了实现具有滑模变结构控制，并使得开关面在整个空间均具有“吸引能力”，要求适当地设计控制规律$u(t)$，使得：

$$s\dot{s}\leqslant-\eta|s|,\quad \eta>0 \tag{5.106}$$

若式(5.106)得以满足，则不管系统的初态如何(即初始相点在何处)，系统的运动相点首先被“吸引”到$s=0$开关面上，然后沿着开关面运动到原点。也就是说，该系统是大范围内渐近稳定的。这可以通过李雅普诺夫稳定性理论得到证实。若设$V=s^2$为系统的李雅普诺夫函数，显然它是正定的，而式(5.105)保证了$\mathrm{d}V/\mathrm{d}t=\mathrm{d}s^2/\mathrm{d}t=2s\dot{s}<0$，从而说明系统是大范围渐近稳定的。

由以上分析看出，系统的动态过程分为两段：第一段$(0\sim t_1)$运动相点从初态开始运动到开关面上；第二段(t_1以后)运动相点沿开关面继续运动到稳态值。下面来具体分析每一段的运动过程。

第一段：设$t=t_1$时相点运动到开关面上，即$s(t_1)=0$。设$s(0)>0$，即t在$0\sim t_1$期间$s>0$，所以式(5.106)变为$\dot{s}\leqslant-\eta$。两边积分得$s(t_1)-s(0)\leqslant-\eta t_1$，即：

$$t_1\leqslant\frac{s(0)}{\eta} \tag{5.107}$$

当$s(0)<0$时，t在$0\sim t_1$期间$s<0$，式(5.105)变为$\dot{s}\geqslant\eta$。两边积分得$s(t_1)-s(0)\geqslant\eta t_1$，即：

$$t_1\leqslant\frac{-s(0)}{\eta} \tag{5.108}$$

联立求解式(5.107)和(5.108)可得：

$$t_1\leqslant\frac{|s(0)|}{\eta} \tag{5.109}$$

可见，第一段的过渡时间既取决于初态$s(0)$，也取决于设计参数η。初态$|s(0)|$越大，t_1越大；设计参数η选得越大，则t_1越小。

第二段：运动相点沿开关面运动到原点。

它满足开关面的方程，即：

$$\left(\frac{\mathrm{d}}{\mathrm{d}t}+\lambda\right)^{(n-1)}\widetilde{y}=0 \tag{5.110}$$

其特征方程为 $(p+\lambda)^{n-1}=0$，它相当于 $n-1$ 个时间常数相同的惯性环节串联，每个环节的时间常数均为 $1/\lambda$，总的等效时间常数约为 $(n-1)/\lambda$。因而当相点运动到开关点后，系统的状态误差将以指数形式衰减到零。

5.5.2 机器人的滑模变结构控制

机器人的滑模(sliding mode)变结构控制系统的一般结构如图 5.19 所示。

在前面章节讨论机器人动力学问题时，已经得到二连杆机械手的动力学方程的矩阵形式。对于具有 n 个连轩的机械手系统动力学方程。含有 n 个关节的机械手动力学模型为：

$$\boldsymbol{T}=\boldsymbol{D}(\boldsymbol{q})\ddot{\boldsymbol{q}}+C^1(\boldsymbol{q},\dot{\boldsymbol{q}})\dot{\boldsymbol{q}}+G(\boldsymbol{q})\boldsymbol{q} \tag{5.111}$$

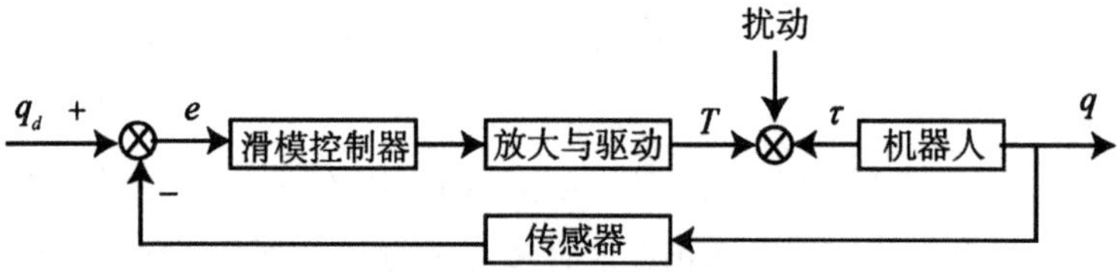

图 5.19 机器人滑模变构控制系统的一般结构

定义 $C^1(\boldsymbol{q},\dot{\boldsymbol{q}})\dot{\boldsymbol{q}}+G(\boldsymbol{q})\boldsymbol{q}=W(\boldsymbol{q},\dot{\boldsymbol{q}})$

$$\boldsymbol{x}_1=\boldsymbol{q}\quad \boldsymbol{x}_2=\dot{\boldsymbol{q}} \tag{5.112}$$

可把式(5.111)重写如下：

$$\boldsymbol{T}=\boldsymbol{D}(\boldsymbol{q})\ddot{\boldsymbol{q}}+W(\boldsymbol{q},\dot{\boldsymbol{q}}) \tag{5.113}$$

即：

$$\ddot{\boldsymbol{q}}=-\boldsymbol{D}^{-1}(\boldsymbol{q})W(\boldsymbol{q},\dot{\boldsymbol{q}})+\boldsymbol{D}^{-1}(\boldsymbol{q})\boldsymbol{T} \tag{5.114}$$

把式(5.114)表示成状态方程形式

$$\dot{\boldsymbol{x}}_s=A_s(\boldsymbol{x},t)+B_s(\boldsymbol{x},t)\boldsymbol{T} \tag{5.115}$$

式中，$\dot{\boldsymbol{x}}_s=\dot{\boldsymbol{x}}_2=\ddot{q}$；$A_s(\boldsymbol{x},t)=-\boldsymbol{D}^{-1}[\boldsymbol{x}_1;W(\boldsymbol{x})]$；$B_s(\boldsymbol{x},t)=\boldsymbol{D}^{-1}(\boldsymbol{x}_1)$。

为使系统具有期望的动态性能，设整个系统的滑动曲面为：

$$\boldsymbol{S}=[S_1,\quad S_2,\quad \cdots,\quad S_n]^{\mathrm{T}}=\boldsymbol{E}+\boldsymbol{HE} \tag{5.116}$$

式中，$\boldsymbol{E}=[e_1,\ e_2,\ \cdots,\ e_n]^{\mathrm{T}}$；$\boldsymbol{H}=\mathbf{diag}[h_1,\ h_2,\ \cdots,\ h_n]$。

给定轨迹 q_{id} 的第 i 个关节分量的表示式为：

$$S_i=\dot{e}_i+h_ie_i,\ e_i=x_i-x_{id},\ h_i=\text{常数}>0\quad(i=1,\ 2,\ \cdots,\ n)$$

假定系统状态被约束在开关函数曲面上，则产生滑动运动的相应控制量 $\boldsymbol{T}$ 可由 $\dot{\boldsymbol{S}}=\boldsymbol{0}$ 求得：

$$\dot{\boldsymbol{S}}=\dot{\boldsymbol{E}}+\boldsymbol{H}\dot{\boldsymbol{E}} \tag{5.117}$$

因为 $\dot{\boldsymbol{x}}_2=\dot{\boldsymbol{x}}_s$，根据式(5.115)，$\dot{\boldsymbol{E}}$ 可以表示为：

$$\dot{\boldsymbol{E}}=A_s(\boldsymbol{x},\ t)+B_s(\boldsymbol{x},\ t)\boldsymbol{T}-\dot{\boldsymbol{x}}_{2d} \tag{5.118}$$

同理，$\boldsymbol{H}\dot{\boldsymbol{E}}$ 表示为：

$$\boldsymbol{H}\dot{\boldsymbol{E}}=H(\boldsymbol{x}_2-\boldsymbol{x}_{2d}) \tag{5.119}$$

把式(5.118)、式(5.119)代入式(5.117)有：

$$\dot{\boldsymbol{S}}=A_s(\boldsymbol{x},\ t)+B_s(\boldsymbol{x},\ t)\boldsymbol{T}-\dot{\boldsymbol{x}}_{2d}+H(\boldsymbol{x}_2-\boldsymbol{x}_{2d}) \tag{5.120}$$

其对应元素可表示为：

$$\dot{S}_i=-\sum_{j=1}^{n}b_{ij}\omega_j+\sum_{j=1}^{n}b_{ij}\tau_j-\dot{x}_{(n+1)d}+h_i[x_{(n+1)}-x_{(n+1)d}] \tag{5.121}$$

令 $\dot{\boldsymbol{S}}=\boldsymbol{0}$，即：

$$\boldsymbol{T}^*=\boldsymbol{W}\hat{A}(\boldsymbol{x})+\hat{D}(\boldsymbol{x}_1)[\hat{\boldsymbol{x}}_{2d}-H(\boldsymbol{x}_2-\boldsymbol{x}_{2d})] \tag{5.122}$$

对应元素表示为：

$$\tau^*=\hat{W}(x)+\sum_{j=1}^{n}\hat{m}_{ij}(x_1)[\dot{x}_{(n-j)}-h_i(x_{(n+j)}-x_{(n-j)d})] \tag{5.123}$$

式(5.122)中，$\hat{W}$、$\hat{D}$ 分别为系统参数 W 和 D 的估计值。

根据变结构控制基本理论，要使系统向滑动面运动，并确保产生滑动运动的条件为：

$$\dot{S}_iS_i<0\quad(i=1,\ 2,\ \cdots,\ n) \tag{5.124}$$

如果无建模误差，即 $\hat{W}=W$，$\hat{D}=D$，按等效控制方法，选择控制量为：

$$\tau=\tau_j^*+\tau_{gi} \tag{5.125}$$

式中，τ_{gi} 为用来修正滑动状态误差的 S_i 项。

将式(5.123)和式(5.125)代入式(5.121)，可得

$$\dot{S}_i=\sum_{j=1}^{n}b_{ij}(x_i)\tau_{gi} \tag{5.126}$$

为保证 $\dot{S}_i S_i < 0$ $(i=1, 2, \cdots, n)$，选择 τ_{gi} 使其满足：

$$\dot{S}_i = \sum_{j=1}^{n} b_{ij}(x_i)\tau_{gi} = -C\text{sgn}(S_i) \tag{5.127}$$

式中，$i=(1, 2, \cdots, n)$；$S_i \neq 0$；$C_i=$常数>0。此时，$\dot{S}_i S_i = -C_i|(S_i)|<0$，滑模状态误差修正量 τ_{gi} 计算公式如下：

$$\tau_{gi} = -\sum_{j=1}^{n}(x_i)m_{ij}(x_1)C_i\text{sgn}(S_i) \tag{5.128}$$

从上式分析可见，系统接近于滑动线 S_i 的速度与 C_i 成正比。由于控制量切换频率是有限的，当 C_i 选得太大时，运动轨迹在滑动面附近以正比于采样周期 T_s 的振幅摆动，且与建模误差有关。

设采样周期为 T_s，根据式(5.127)，两次采样所得滑动状态误差为：

$$\Delta S_i = S_i(k+1) - S_i(k) \approx -C_i(k)\text{sgn}[S_i(k)]T_s \tag{5.129}$$

式中，$S_i(k)$ 为第 k 采样时刻得到的第 i 关节的滑动状态误差。

为使 $S_i(k+1)=0$，则 $C_i(k)=|S_i(k)|/T_s(i=1, 2, \cdots, n)$，将式(5.123)和式(5.129)代入式(5.125)可得控制律为：

$$\tau_i = \hat{W}_i + \sum_{j=1}^{n}\hat{m}_{ij}[\dot{x}_{(n+j)d} - h_i(x_{(n+j)} - x_{(n+j)d}) - C_i\text{sgn}(S_i)] \tag{5.130}$$

滑模变构控制是一种简单实用的设计方法，可直接根据李雅普诺夫函数来确定控制力矩 $\boldsymbol{T}$，使系统状态趋于渐近稳定。参照式(5.111)，准线性化后机器人动力学模型可表示为：

$$\begin{cases}\boldsymbol{\Omega} = \dot{\boldsymbol{q}} \\ \dot{\boldsymbol{\Omega}} = -\boldsymbol{D}^{-1}(\boldsymbol{q})[C'(\boldsymbol{q}, \dot{\boldsymbol{q}})\boldsymbol{\Omega} + G'(\boldsymbol{q})] + \boldsymbol{D}^{-1}(\boldsymbol{q})^{\mathrm{T}}\end{cases} \tag{5.131}$$

取滑动曲面为：

$$S_i = \dot{e}_i + h_i e_i = (W_i - W_{id}) + h_i(q_i - q_{id}) \quad (i=1, 2, \cdots, n) \tag{5.132}$$

式中，$h_i=$常数>0，选取李亚普诺夫函数。

$$V(\boldsymbol{\Omega}, t) = \frac{1}{2}[\boldsymbol{S}^{\mathrm{T}}\boldsymbol{D}(\boldsymbol{q})\boldsymbol{S}] \tag{5.133}$$

由 $S_i=0$ 得到控制力矩 $\boldsymbol{T}$ 为：

$$\boldsymbol{T} = \boldsymbol{T}_0 + \boldsymbol{K}\text{sgn}(\boldsymbol{S}) \tag{5.134}$$

式中，$\boldsymbol{T}_0 = G'(\boldsymbol{q})$；$\text{sgn}(\boldsymbol{S}) = [\text{sgn}(\boldsymbol{S}_1), \text{sgn}(\boldsymbol{S}_2), \cdots, \text{sgn}(\boldsymbol{S}_n)]^{\mathrm{T}}$

$$K_i = \sum_{j=1}^{n} [m_{ij}(W_{jd} - h_j\dot{e}_j) + C'_{ij}(W_i - S_j)] + \varepsilon \tag{5.135}$$

对于2连杆机械手，关节质量为m_1、m_2，连杆长为L_1、L_2，关节角为θ_1、θ_2时的控制量为：

$$\begin{bmatrix} \tau_1 \\ \tau_2 \end{bmatrix} = \boldsymbol{G}' + \begin{bmatrix} k_1 \operatorname{sgn}(\boldsymbol{S}_1) \\ k_2 \operatorname{sgn}(\boldsymbol{S}_2) \end{bmatrix} \tag{5.136}$$

式中，$\boldsymbol{G}' = \begin{bmatrix} (m_1 + m_2) g L_1 \sin\theta_1 + m_2 g L_2 \sin(\theta_1 + \theta_2) \\ m_2 g L_2 \sin(\theta_1 + \theta_2) \end{bmatrix}$

$$\boldsymbol{C}' = \begin{bmatrix} -m_2 L_2 L_1 \dot{\theta}_2 \sin\theta_2 & -m_2 L_2 L_1 (\theta_1 + \theta_2) \sin\theta_2 \\ m_2 L_1 L_2 \dot{\theta}_1 \sin\theta_2 & 0 \end{bmatrix}$$

$$\boldsymbol{D} = \begin{bmatrix} (m_1 + m_2) L_1^2 + m_2 L_2^2 + 2m_2 L_1 L_2 & m_2 L_2^2 + m_2 L_1 L \cos\theta_2 \\ m_2 L_2^2 + m_2 L_1 L_2 \cos\theta_2 & m_2 L_2^2 \end{bmatrix}$$

我们定义：

$$\begin{cases} \bar{m}_{11} = m_1 L_1^2 + m_2 (L_1^2 + L_2^2) + 2m_2 L_1 L_2 \geqslant |m_{11}| \\ \bar{m}_{12} = m_2 L_2^2 + m_2 L_1 L_2 \geqslant |m_{12}| \\ \bar{m}_{21} = m_2 L_2^2 + m_2 L_1 L_2 \geqslant |m_{21}| \\ \bar{m}_{22} = m_2 L_2^2 \geqslant |m_{22}| \end{cases}$$

$$\begin{cases} \bar{C}_{11}^1 = m_1 L_1 L_2 |\dot{\theta}_2| \geqslant |\bar{C}_{11}^1| \\ \bar{C}_{12}^1 = m_2 L_1 L_2 |\dot{\theta}_1 + \dot{\theta}_2| \geqslant |\bar{C}_{12}^1| \\ \bar{C}_{21}^1 = m_2 L_1 L_2 |\dot{\theta}_1| \geqslant |\bar{C}_{21}^1| \\ \bar{C}_{22}^1 = 0 \geqslant \bar{C}_{22}^1 \end{cases}$$

则式(5.135)可表示为：

$$K_i = \sum_{j=1}^{2} [\bar{m}_{ij}(\dot{W}_{jd} - h_j \dot{e}_j) + \bar{C}_{ij}^1 (W_j - S_j)] + \varepsilon \quad (i = 1,\ 2) \tag{5.137}$$

5.6　机器人自适应控制

本节综述机器人自适应控制的进展，讨论所取得的各种设计结果。本节与上一节一样，具有较高的难度，可供研究生选读。

根据设计技术的不同，机器人自适应控制分为三类，即模型参考自适应控制、自校正自适应控制和线性摄动自适应控制。

机器人能够模仿和代替人的体力和智力功能。能模仿和再现人手动作的机器人叫作操作机器人(manipulation robots)，这是目前应用最为广泛的一种机器人。操作机器人分为自动控制式、生物技术控制式和交互控制式三种。其中，自动控制式操作机器人又可分为固定程序(或编程)机器人、自适应机器人和智能机器人三种类型。

编程机器人能够按照预编的固定程序，自动执行各种需要的循环操作，开环控制、一般伺服控制和最优控制均可用来控制编程机器人。在设计这类控制系统的控制器时，必须事先知道受控对象的性质和特征，以及它们随环境等因素变化的情况。如果不能预先掌握这些信息，就无法设计好这种控制器。

当操作机器人的工作环境及工作目标的性质和特征在工作过程中随时间发生变化时，控制系统的这种未知因素和不确定性，将使控制系统的性能变差，不能满足控制要求，采用一般反馈技术或开环补偿方法，也不能很好地解决这一问题。要解决上述问题，要求控制器能在运行过程中不断地测量受控对象的特性，并根据测得的系统当前特性信息，使系统自动地按闭环控制方式实施最优控制。自适应机器人和智能机器人均能满足这一控制要求。

自适应机器人(adaptive robots)由自适应控制器来控制其操作。自适应控制器具有感觉装置，能够在不完全确定的和局部变化的环境中保持与环境的自动适应，并以各种搜索与自动导引方式，执行不同的循环操作。智能机器人具有人工智能装置，能够借助人工智能元件和智能系统，在运行中感受和识别环境，建立环境模型，自动作出决策，并执行这些决策。

操作机器人的动力学模型存在有非线性和不定性因素。这些因素包括未知的系统参数(如摩擦力)、非线性动态特性(如齿轮间隙和增益的非线性)以及环境因素(如负载变动和其他扰动)等。采用自适应控制来自动补偿上述因素，能够显著改善操作机器人的性能。

5.6.1 控制系统的状态模型和主要结构

机器人的自适应控制是与机械手的动力学密切相关的。具有 n 个自由度和 n 个关节单独传动的刚性机械手的动态方程可由下式表示：

$$F_i = \sum_{j=1}^{n} D_{ij}(q)\ddot{q}_j + \sum_{j=1}^{n}\sum_{k=1}^{n} C_{ijk}(q)\dot{q}_j\dot{q}_k + C_i(q) \quad (i=1,\ \cdots,\ n) \tag{5.138}$$

此动力学方程的矢量形式为：

$$\boldsymbol{F} = \boldsymbol{D}(\boldsymbol{q})\ddot{\boldsymbol{q}} + C(\boldsymbol{q},\ \dot{\boldsymbol{q}}) + G(\boldsymbol{q}) \tag{5.139}$$

重新定义：

$$C(\boldsymbol{q},\dot{\boldsymbol{q}}) \triangleq C^1(\boldsymbol{q},\dot{\boldsymbol{q}})\dot{\boldsymbol{q}} \tag{5.140}$$

$$G(\boldsymbol{q}) \triangleq G(\boldsymbol{q})\boldsymbol{q}$$

代入式(5.139)可得：

$$\boldsymbol{F}=\boldsymbol{D}(\boldsymbol{q})\bar{\boldsymbol{q}}+C^1(\boldsymbol{q},\dot{\boldsymbol{q}})\dot{\boldsymbol{q}}+G(\boldsymbol{q})\boldsymbol{q} \tag{5.141}$$

这是拟线性(quasi linear)系统表达方式。

又定义：

$$\dot{\boldsymbol{x}}=A_p(\boldsymbol{x},t)\boldsymbol{x}+B_p(\boldsymbol{x},t)\boldsymbol{F} \tag{5.142}$$

式中，

$$A_p(\boldsymbol{x},t)=\begin{bmatrix}\boldsymbol{0} & \boldsymbol{I}\\ -\boldsymbol{D}^{-1}\boldsymbol{G}^1 & -D^{-1}C^1\end{bmatrix}_{2n\times 2n},\quad B_p(\boldsymbol{x},t)=\begin{bmatrix}\boldsymbol{0}\\ \boldsymbol{D}^{-1}\end{bmatrix}_{2n\times n}$$

为状态矢量 $\boldsymbol{x}$ 的非常复杂的非线性函数。

上述机械手动力学模型是机器人自适应控制器的调节对象。

实际上，必须把传动装置的动力学包括在控制系统模型中。对于具有 n 个驱动关节的机械手，可把其传动装置的动态作用表示为：

$$\boldsymbol{M}_a\boldsymbol{u}-\boldsymbol{\tau}=\boldsymbol{J}_a\ddot{\boldsymbol{q}}+\boldsymbol{B}_a\dot{\boldsymbol{q}} \tag{5.143}$$

式中，$\boldsymbol{u}$、$\boldsymbol{q}$ 和 $\boldsymbol{\tau}$ 分别为传动装置的输入电压、位移和扰动力矩的 $n\times 1$ 矢量；$\boldsymbol{M}_a$、$\boldsymbol{J}_a$ 和 $\boldsymbol{B}_a$ 为 $n\times n$ 对角矩阵，并由传动装置参数所决定。$\boldsymbol{\tau}$ 由两部分组成：

$$\boldsymbol{\tau}=\boldsymbol{F}(\boldsymbol{q},\dot{\boldsymbol{q}},\ddot{\boldsymbol{q}})+\boldsymbol{\tau}_d \tag{5.144}$$

式中，$\boldsymbol{F}$ 由式(5.141)确定，表示与连杆运动有关的力矩；$\boldsymbol{\tau}_d$ 则包括电动机的非线性和摩擦力矩。

联立求解式(5.141)、(5.143)相(5.144)，并定义：

$$\boldsymbol{J}(\boldsymbol{q})=\boldsymbol{D}(\boldsymbol{q})+\boldsymbol{J}_a$$

$$\boldsymbol{E}(\boldsymbol{q})=\boldsymbol{C}^1+\boldsymbol{B}_a \tag{5.145}$$

$$\boldsymbol{H}(\boldsymbol{q})\boldsymbol{q}=G(\boldsymbol{q})\boldsymbol{q}+\boldsymbol{\tau}_d \tag{5.146}$$

可求得机器人传动系统的时变非线性状态模型如下：

$$\dot{\boldsymbol{x}}=A_p(\boldsymbol{x},t)\boldsymbol{x}+B_p(\boldsymbol{x},t)\boldsymbol{u} \tag{5.147}$$

式中，

$$A_p(\boldsymbol{x}, t)=\begin{bmatrix} 0 & \boldsymbol{I} \\ -\boldsymbol{J}^{-1}\boldsymbol{H} & -\boldsymbol{J}^{-1}\boldsymbol{E} \end{bmatrix}_{2n\times 2n}$$

$$B_p(\boldsymbol{x}, t)=\begin{bmatrix} 0 \\ \boldsymbol{J}^{-1}\boldsymbol{M}_a \end{bmatrix}_{2n\times n} \tag{5.148}$$

状态模型(5.142)和(5.147)具有相同的形式，均可用于自适应控制器的设计。

自适应控制器的主要结构有两种，即模型参考自适应控制器(MRAC)和自校正自适应控制器(STAC)，分别如图5.20(a)和(b)所示。现有的机器人自适应控制系统，基本上是应用这些设计方法建立的。

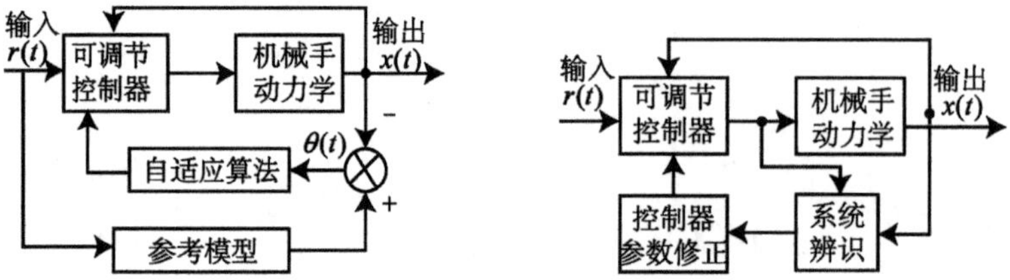

(a) 模型参考自适应控制器　　(b) 自校正自适应控制器

图5.20　机器人自适应控制器的结构

以上述两种基本结构为基础，近20年来，研究者提出了许多有关操作机器人自适应控制器的设计方法，并取得相应的进展。

5.6.2　机器人模型参考自适应控制器

MRAC是最早用于操作机器人控制的自适应控制技术，它的基本设计思想是为机器人机械手的状态方程(5.147)综合一个控制信号 u，或为状态方程(5.142)结合一个输入 F。这种控制信号将以一定的参考模型所规定的期望方式，迫使系统具有需要的特性。以叙述过的目标和式(5.148)表示的结构为基础，可使选得的参考模型为稳定的线性定常系统

$$\dot{\boldsymbol{y}}=\boldsymbol{A}_M\boldsymbol{y}+\boldsymbol{B}_M\boldsymbol{r} \tag{5.149}$$

式中，$\boldsymbol{y}$ 为 $n\times 1$ 参考模型状态矢量；$\boldsymbol{r}$ 为 $n\times 1$ 参考模型输入矢量，而且：

$$\boldsymbol{A}_M=\begin{bmatrix} 0 & I \\ -\boldsymbol{\Lambda}_1 & -\boldsymbol{\Lambda}_2 \end{bmatrix},\quad \boldsymbol{B}_M=\begin{bmatrix} 0 \\ \boldsymbol{\Lambda}_1 \end{bmatrix} \tag{5.150}$$

式中，$\boldsymbol{\Lambda}_1$ 为含有 ω_t 项的 $n\times n$ 对角矩阵；$\boldsymbol{\Lambda}_2$ 为含有 $2\xi_i\omega_i$ 的 $n\times n$ 对角矩阵。

式(5.149)表示 n 个含有指定参数 ξ_t 和 ω_t 的去耦二阶微分方程式：

$$\ddot{y}_i+2\xi_i\omega_i\dot{y}_i+\omega_i^2 y_i=\omega_i^2 r \tag{5.151}$$

式中，输入变量 r 表示由设计者预先规定的、理想的机器人运动轨迹。

当输入端引入适当的状态反馈时，可通过对反馈增益的调整，使操作机器人的状态方程变为可调节的。把这个系统的状态变量 x 与参考模型状态 y 进行比较，所得状态误差 e 用于驱动自适应算法[见图 5.20(a)]，以维持状态误差接近于零。

自适应算法是根据 MRAC 的渐近稳定性要求而设计的。常用的稳定判据有李雅普诺夫(Lyapunov)稳定判据和波波夫(Popov)超稳定性判据两种。

1. 李雅普诺夫 MRAC 的设计

令控制输入 u 为：

$$\boldsymbol{u} = \boldsymbol{K}_x \boldsymbol{x} + \boldsymbol{K}_u \boldsymbol{r} \tag{5.152}$$

式中，$\boldsymbol{K}_x$ 和 $\boldsymbol{K}_u$ 分别为 $n \times n$ 时变可调反馈矩阵和前馈矩阵。

据式(5.152)可得式(5.147)的闭环系统状态模型

$$\dot{\boldsymbol{x}} = \boldsymbol{A}_s(\boldsymbol{x}, t)\boldsymbol{x} + \boldsymbol{B}_s(\boldsymbol{x}, t)\boldsymbol{r} \tag{5.153}$$

其中，

$$\boldsymbol{A}_s = \begin{bmatrix} 0 & I \\ -\boldsymbol{J}^{-1}(\boldsymbol{H} + \boldsymbol{M}_a \boldsymbol{K}_{x1}) & -\boldsymbol{J}^{-1}(\boldsymbol{E} + \boldsymbol{M}_a \boldsymbol{K}_{x2}) \end{bmatrix}$$

$$\boldsymbol{B}_s = \begin{bmatrix} 0 \\ \boldsymbol{J}^{-1}\boldsymbol{M}_a \boldsymbol{k}_u \end{bmatrix}$$

适当地设计 $\boldsymbol{K}_{x1}$ 和 $\boldsymbol{k}_u$，能够使式(5.153)所示系统与式(5.149)所代表的参考模型完全匹配。

定义 $2n \times 1$ 状态误差矢量 $\boldsymbol{e}$ 为：

$$\boldsymbol{e} = \boldsymbol{y} - \boldsymbol{x} \tag{5.154}$$

则可得：

$$\dot{\boldsymbol{e}} = \boldsymbol{A}_M \boldsymbol{e} + (\boldsymbol{A}_M - \boldsymbol{A}_s)\boldsymbol{x} + (\boldsymbol{B}_M - \boldsymbol{B}_s)\boldsymbol{r} \tag{5.155}$$

我们的控制目标是要为 $\boldsymbol{K}_x$ 和 $\boldsymbol{K}_u$ 找出一种调整算法，使得：

$$\lim_{t \to \infty} e(t) = 0$$

定义正定李雅普诺夫函数 V 为：

$$V = \boldsymbol{e}^{\mathrm{T}}\boldsymbol{P}\boldsymbol{e} + \mathrm{tr}[(\boldsymbol{A}_M - \boldsymbol{A}_S)^{\mathrm{T}}\boldsymbol{F}_A^{-1}(\boldsymbol{A}_M - \boldsymbol{A}_S)] + \mathrm{tr}[(\boldsymbol{B}_M - \boldsymbol{B}_S)^{\mathrm{T}}\boldsymbol{F}_B^{-1}(\boldsymbol{B}_M - \boldsymbol{B}_S)] \tag{5.156}$$

于是，由式(5.155)和(5.156)可得：

$$\begin{aligned} \dot{\boldsymbol{V}} = {} & \boldsymbol{e}^{\mathrm{T}}(\boldsymbol{A}_M \boldsymbol{P} + \boldsymbol{P}\boldsymbol{A}_M)\boldsymbol{e} + \mathrm{tr}[(\boldsymbol{A}_M - \boldsymbol{A}_S)^{\mathrm{T}}(\boldsymbol{P}\boldsymbol{e}x^{\mathrm{T}} - \boldsymbol{F}_A^{-1}\boldsymbol{A}_S)] \\ & + \mathrm{tr}[(\boldsymbol{B}_M - \boldsymbol{B}_S)^{\mathrm{T}}(\boldsymbol{P}\boldsymbol{e}\boldsymbol{r}^{\mathrm{T}} - \boldsymbol{F}_B{}^{-1}\dot{\boldsymbol{B}}_S)] \end{aligned} \tag{5.157}$$

根据李雅普诺夫稳定性理论，保证满足式(5.149)的充要条件是 $\dot{V}$ 为负定的。由此可求得：

$$\boldsymbol{A}_M^{\mathrm{T}}\boldsymbol{P}+\boldsymbol{P}\boldsymbol{A}_M=-\boldsymbol{Q} \tag{5.158}$$

$$\dot{\boldsymbol{A}}_S=\boldsymbol{F}_A\boldsymbol{P}\boldsymbol{e}\boldsymbol{x}^{\mathrm{T}}\approx\boldsymbol{B}_P\dot{\boldsymbol{K}}_x,\quad \dot{\boldsymbol{B}}_S=\boldsymbol{F}_B\boldsymbol{P}\boldsymbol{e}\boldsymbol{r}^{\mathrm{T}}\approx\boldsymbol{B}_P\dot{\boldsymbol{K}}_u \tag{5.159}$$

$$\dot{\boldsymbol{K}}_u=\boldsymbol{K}_u\boldsymbol{B}_m^{-}\boldsymbol{F}_B\boldsymbol{P}\boldsymbol{e}\boldsymbol{r}^{\mathrm{T}},\quad \dot{\boldsymbol{K}}_x=\boldsymbol{K}_u\boldsymbol{B}_m^{+}\boldsymbol{F}_A\boldsymbol{P}\boldsymbol{e}\boldsymbol{x}^{\mathrm{T}} \tag{5.160}$$

式中，$\boldsymbol{P}$ 和 $\boldsymbol{Q}$ 为正定矩阵，且 $\boldsymbol{P}$ 满足式(5.158)；$\boldsymbol{B}_m^{+}$ 为 $\boldsymbol{B}_M$ 的 Penrose 伪逆矩阵；$\boldsymbol{F}_A$ 和 $\boldsymbol{F}_B$ 为正定自适应增益矩阵。

李雅普诺夫设计方法虽能保证渐近稳定性，但是在过渡过程中可能会出现大的状态误差和振荡。当引入适当的附加控制输入时，能够改善系统的收敛率。

2. 波波夫超稳定性 MRAC 的设计

这是用稳定性条件设计自适应控制规律的另一途径。当应用波波夫超稳定性理论时，把机器人方程式(5.157)看作一种非线性时变系统方程。

令控制输入为：

$$\boldsymbol{u}=\varphi(\boldsymbol{v},\boldsymbol{x},t)\boldsymbol{x}=\boldsymbol{K}_x\boldsymbol{x}+\psi(\boldsymbol{v},\boldsymbol{r},t)\boldsymbol{r}+\boldsymbol{K}_u\boldsymbol{r} \tag{5.161}$$

式中，φ 和 ψ 分别为自适应算法产生的 $n\times 2n$ 和 $n\times n$ 矩阵；$\boldsymbol{K}_x$ 和 $\boldsymbol{K}_u$ 分别为 $n\times 2n$ 和 $n\times n$ 常系数反馈增益矩阵和前馈增益矩阵；$\boldsymbol{v}$ 为广义状态误差矢量，可表示为：

$$\boldsymbol{v}=\boldsymbol{D}\boldsymbol{e}=\boldsymbol{D}(\boldsymbol{y}-\boldsymbol{x}) \tag{5.162}$$

式中，$\boldsymbol{D}$ 为 $n\times 2n$ 线性补偿器传递矩阵。

据式(5.147)、(5.149)和(5.161)，可把 MRAC 方程用状态误差来表示：

$$\dot{\boldsymbol{e}}=\boldsymbol{A}_M\boldsymbol{e}+\begin{bmatrix}\boldsymbol{0}\\ \boldsymbol{I}\end{bmatrix}\boldsymbol{w}_1$$

$$\boldsymbol{v}=\boldsymbol{D}\boldsymbol{e} \tag{5.163}$$

$$\boldsymbol{w}_1=-\boldsymbol{w}=\bar{\boldsymbol{B}}_p[\boldsymbol{B}_p^{+}(\boldsymbol{A}_M-\boldsymbol{A}_p)+\boldsymbol{K}_x-\boldsymbol{\varphi}]\boldsymbol{x}+\bar{\boldsymbol{B}}_p[\boldsymbol{B}_p^{+}\boldsymbol{B}_M-\boldsymbol{K}_M-\boldsymbol{\psi}]\boldsymbol{r}$$

式中，$\bar{\boldsymbol{B}}_p$ 定义为 $\boldsymbol{B}_p=\begin{bmatrix}0\\ \bar{\boldsymbol{B}}_p\end{bmatrix}$；$\boldsymbol{B}_p^{+}=(\boldsymbol{B}_p^{\mathrm{T}}\boldsymbol{B}_p)^{-1}\boldsymbol{B}_p^{\mathrm{T}}$。

根据波波夫超稳定性理论，使式(5.145)所示系统满足 $\lim\limits_{t\to\infty}e(t)=0$ 控制目标的稳定的充要条件为：

$n\times n$ 传递矩阵

$$G(s)=D(SI-A_M)^{-1}\begin{bmatrix}0\\I\end{bmatrix} \tag{5.164}$$

为严格正实矩阵。

积分不等式

$$\int_0^t v^{\mathrm{T}} w \mathrm{d}t > -r_0^2 \tag{5.165}$$

对于所有 $t>0$ 均成立。

自上述两条件可求得：

$$\varphi(v,x,t)=q\frac{v}{\|v\|}(\operatorname{sgn} x)^{\mathrm{T}},\quad \psi(v,r,t)=p\frac{v}{\|v\|}(\operatorname{sgn} r)^{\mathrm{T}} \tag{5.166}$$

式中：

$$q\geqslant\frac{[\lambda_{\max}(RR^{\mathrm{T}})]^{\frac{1}{2}}}{\lambda_{\min}(\bar{B}_p)},\quad p\geqslant\frac{[\lambda_{\max}(SS^{\mathrm{T}})]^{\frac{1}{2}}}{\lambda_{\min}(\bar{B}_p)} \tag{5.167}$$

$$R=\bar{B}_pB_p^{+}(A_M-A_p)+\bar{B}_pK_x,\quad S=\bar{B}_pB_p^{+}B_M-\bar{B}_pK_d \tag{5.168}$$

由于 φ 和 ψ 的断续特性，MRAC 以两个模型(由 $v\neq0$ 和 $v=0$ 来区别)达到渐近稳定性，$v=0$ 的子集定义一个“滑动集合”(siding set)，控制系统以高操作频率对这个子集进行转换，产生出与变结构系统一样的轨迹。误差 e 沿着滑动集合的衰减速度只受式(5.153)中 Q 的影响。因此，收敛速度能够由设计者来控制。

除了上述两种 MRAC 设计方法外，还有其他一些设计技术也可用于 MRAC 的设计。这些技术有杜鲍斯基(Dubowsky)简化 MRAC 近似设计法，以及霍维茨(Horwitz)等提出的采用非线性补偿和解耦 MRAC 系统等。图 5.21 表示出这一非线性补偿和解耦 MRAC 系统的结构方框图。

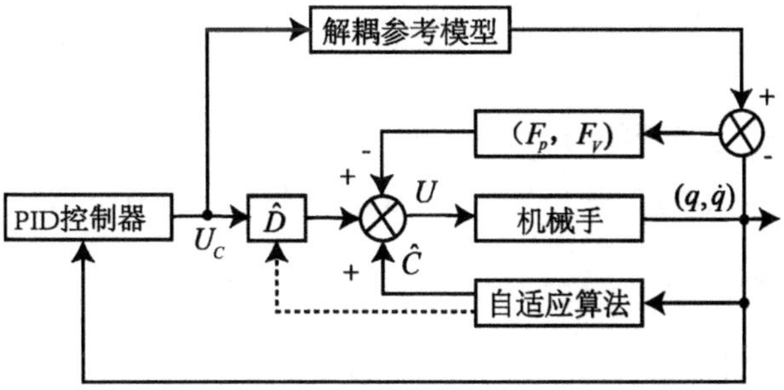

图 5.21 非线性补偿和解耦 MRAC 系统的结构方框图

5.6.3 机器人自校正自适应控制器

STAC是一种常用的机器人自适应控制器的设计方法，它与MRAC方法的主要区别在于：STAC用线性离散模型来表示操作机器人系统的动力学特性，因而其控制器为数字控制器。这种离散模型必须借助系统辨识技术，应用采样输入-输出数据来建立。

STAC的设计过程由两个步骤组成：

(1) 假定操作机器人系统的线性离散模型是已知的，然后为系统设计一个控制器，以实现给定的控制目标。

(2) 估计实际上未知的在线模型参数，然后把这些参数的估计值代入控制器设计方程，以便重新计算其控制算法。

应用STAC技术，要求把机器人动力学模型作为线性时变过程来处理。为了简化设计，采用解耦模型方法，把每个关节运动分别由一个 m 阶标量微分方程式来模拟：

$$A_i(q^{-1})x_i(k)=q^{-d}B_i(q^{-1})u_i(k)+h_i \quad (i=1,\ 2,\ \cdots,\ n) \tag{5.169}$$

式中，$u_t(k)$ 和 $x_i(k)$ 分别为第 i 个关节节的输入和输出变量；$A_i(q^{-1})$ 和 $B_i(q^{-1})$ 为含有后移算子 q^{-1} 的参数多项式；d 为考虑系统滞后和计算滞后的总延迟；h_i 考虑忽略各关节间耦合作用和重力作用而产生的建模误差。

必须对模型参数进行在线递归估计，这可由最小二乘估计算法来解决。把式(5.169)改写成：

$$\boldsymbol{x}_i(k)=\boldsymbol{\varphi}_i^{\mathrm{T}}(k-1)\boldsymbol{\theta}_i \tag{5.170}$$

式中，$\boldsymbol{\varphi}_i^{\mathrm{T}}(k-1)=[-x_i(k-1),\ \cdots,\ -x_i(k-m),\ u_i(k-d),\ \cdots,\ u_i(k-d-m+1),\ 1]^{\mathrm{T}}$；$\boldsymbol{\theta}_i=[a_{i1},\ a_{i2},\ \cdots,\ a_{im},\ b_{i0},\ b_{i1},\ \cdots,\ b_{im},\ h_i]^{\mathrm{T}}$。

根据测量的输入输出数据 $\theta_i(k)$ 来估计 θ_i 的最小二乘递归算法如下：

$$\hat{\boldsymbol{\theta}}_i(k+1)=\hat{\boldsymbol{\theta}}_i+\boldsymbol{p}_i(k)\boldsymbol{\varphi}_i(k)[\lambda+\boldsymbol{\varphi}_i^{\mathrm{T}}(k)\boldsymbol{p}_i(k)]^{-1}[\boldsymbol{x}_i(k+1)-\boldsymbol{\varphi}_i^{\mathrm{T}}(k)\hat{\boldsymbol{\theta}}_i(k)]$$

$$\boldsymbol{p}_i(k+1)=\boldsymbol{p}_i(k)-\frac{\boldsymbol{p}_i(k)\boldsymbol{\varphi}_i(k)\boldsymbol{\varphi}_i^{\mathrm{T}}(k)\boldsymbol{p}_i(k)}{\lambda+\boldsymbol{\varphi}_i^{\mathrm{T}}(k)\boldsymbol{p}_i(k)\boldsymbol{\varphi}_i(k)} \tag{5.171}$$

式中，$0<\lambda<1$ 为遗忘因子(forgetting factor)。

可以在已有控制模型的基础上设计STAC。这种控制具有下列一般形式：

$$R(q^{-1})u(k)=T(q^{-1})y(k)-S(q^{-1})x(k)+u_b \tag{5.172}$$

式中，y 为期望的系统响应；u_b 为偏移项；R、T、S 为 θ_t 的一般函数。

STAC设计方法可用于极点配置设计和速度控制器的设计。极点配置设计的目标在于选择控制 $u(k)$，使得每个关节的闭环系统以要求的瞬态特性跟踪所希望的关节运动 y。

考虑对每个控制器进行类似的设计。选择式(5.169)中的阶数 $m=2$ 是合理的，并选取 $d=1$。设计计算所得到的关节控制器的输入为：

$$u(k)=G_0y(k)-r_1u(k-1)-s_0x(k)-s_1x(k-1)-u_b \tag{5.173}$$

式中，s_0 和 s_1 是预先规定的。

$$\left.\begin{aligned}&G_0=(1+p_1-p_2)/(b_0+b_1)\\&r_1=[(p_1-a_1)b_1^2-(p_2-a_2)b_0b_1]/N\\&s_0=[(p_1-a_1)(a_2b_0-a_2b_1)+(p_2-a_2)b_1]/N\\&s_1=-a_2r_1/b\\&N=b_1^2-a_1b_0b_1+a_2b_0^2\\&u_b=(1+r_1)a_0/(b_0+b_t)\end{aligned}\right\} \tag{5.174}$$

把由式(5.166)的每一递归得到的估计 $\hat{a}_1$、$\hat{a}_2$、$\hat{b}_0$ 和 $\hat{b}_1$ 代入式(5.174)，就能够得到所希望的自适应控制规律 $u(k)$。

STAC 方法不仅可用于上述关节位置控制，而且也可有效地用于关节速度控制，并设计出比较简单的速度跟踪控制器。

假设每个关节的速度响应离散模型具有下列形式：

$$A(q^{-1})\dot{x}(k)=q^{-d}B(q^{-1})u(k)+h \tag{5.175}$$

要控制上式速度 $\dot{x}$，其参考速度 $\dot{y}^*$ 的轨迹一般由下式规定：

$$\dot{y}^*(k)=\dot{y}(k)+c[y(k-1)-x(k-1)] \tag{5.176}$$

式中，$y(k)$ 和 $\dot{y}(k)$ 为所要求的关节位置和速度。

控制器设计可采用不同的准则。一个希望遵循的控制准则是要求 x 以下列调整动力学关系跟踪 y^*。

$$D(q^{-1})[\dot{y}^*(k+d)-\dot{x}(k+d)]=0 \tag{5.177}$$

式中，$D(q^{-1})$ 为一般多项式。

$$D(q^{-1})=1+d_jq^{-1}+\cdots+d_mq^{-m}$$

它是由设计者选定的，以规定速度跟踪误差。

对于 $d=1$，可使其控制规律如下：

$$u(k)=[D(q^{-1})\dot{y}^*(k+1)-S(q^{-1})\dot{x}(k)-B^*(q^{-1})u(k-1)-h]/b_0 \tag{5.178}$$

式中，$S(q^{-1})=D^*(q^{-1})-A^*(q^{-1})$；$A^*(q^{-1})=q[A(q^{-1})-1]$；$B^*(q^{-1})=$

$q[B(q^{-1})-b_0]$；$D^*(q^{-1})=q[D(q^{-1})-1]$。

除了式(5.177)外，还可采用其他的控制器设计准则，如科维奥(Kovio)等提出的梯度准则：

$$\min\{[\dot{y}^*(k+d)-\dot{x}(k+d)]^2+\varepsilon u^2(k)\} \tag{5.179}$$

对于 $d=1$，可得简单的控制规律如下：

$$u(k)=\frac{b_0}{b_0^2+\varepsilon}[\dot{y}^*(k+1)-A^*(q^{-1})\dot{x}(k)+B^*(q^{-1})u(k-1)-h] \tag{5.180}$$

5.6.4 机器人线性摄动自适应控制器

迄今为止，讨论过的各种设计方法都有一个假设，即机器人动力学方程式的参数量是完全未知的。实际上，这些参数的标称值能够被确定，因而控制模型中的惯量和重力负载函数 D_{ij} 和 D_i 能够近似地确定。当能得到这样一个标称机器人模型时，就能够对某个给定的期望状态轨迹 $\bar{\boldsymbol{x}}$ 计算出公称控制信号 $\bar{\boldsymbol{u}}$。在控制信号 $\bar{\boldsymbol{u}}$ 的作用下，机器人状态 $\boldsymbol{x}$ 将受 $\bar{\boldsymbol{x}}$ 扰动。可引入一个自适应控制信号 $\delta\boldsymbol{u}$，以补偿状态误差 $\delta\boldsymbol{x}=\boldsymbol{x}-\bar{\boldsymbol{x}}$。这种自适应控制器的设计是以线性化摄动状态方程为基础的。图 5.22 给出线性摄动自适应控制的结构框图。

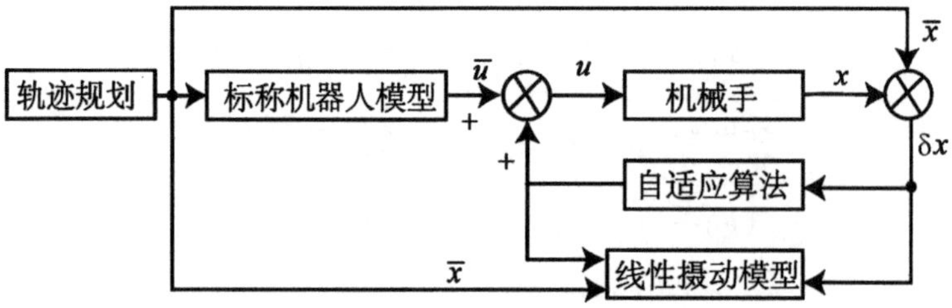

图 5.22　线性摄动自适应控制结构框图

状态量和控制量的扰动表示为：

$$\begin{cases}\delta\boldsymbol{u}=\boldsymbol{u}-\bar{\boldsymbol{u}}\\ \delta\boldsymbol{x}=\boldsymbol{x}-\bar{\boldsymbol{x}}\end{cases} \tag{5.181}$$

把扰动引入式(5.147)所示系统，并把它展开为泰勒级数，略去 δx 和 δu 的高阶项，那么就能够得到下列摄动方程：

$$\delta\dot{\boldsymbol{x}}=\boldsymbol{F}(\bar{\boldsymbol{x}},t)\delta\boldsymbol{x}+\boldsymbol{G}(\bar{\boldsymbol{x}},t)\delta\boldsymbol{u} \tag{5.182}$$

式中，$\boldsymbol{F}$ 和 $\boldsymbol{G}$ 为适当的梯度函数。现在的控制目标是要确定 δu，使得式(5.182)为渐近稳定。因为 $\boldsymbol{F}$ 和 $\boldsymbol{G}$ 均为复值函数，而且一般无法准确知道它们，所以自适应控制方法是适用的。

前面讨论过的任何一种自适应控制设计技术都可以方便地用于式(5.182)。研究结果表明，$\boldsymbol{F}$ 和 $\boldsymbol{G}$ 矩阵具有与 A_p 和 B_p 同样的形式。采用只含近似惯量相重力负载的公称机器人模型，能够得到具有下列形式的自适应控制规律 δu。

$$\delta u = -\boldsymbol{K}_1 \delta \boldsymbol{x}_1 - \boldsymbol{K}_2 \delta \boldsymbol{x}_2 + \boldsymbol{K}_3 \delta \dot{\boldsymbol{x}}_2 + \boldsymbol{K}_4 \tag{5.183}$$

式中，δx_1 和 δx_2 为状态误差，且：

$$\delta \boldsymbol{x} = [\delta \boldsymbol{x}_1^{\mathrm{T}}, \delta \boldsymbol{x}_2^{\mathrm{T}}]^{\mathrm{T}}$$

对于增益矩阵 $\boldsymbol{K}_i$ $(i=1, 2, 3, 4)$，其自适应规律由 MRAC 的李雅普诺夫设计技术求得。$\boldsymbol{K}_3 \delta \dot{\boldsymbol{x}}_2$ 项是与补偿惯性负载的不确定性有关的。最后一项则是考虑任何其他非模型力矩和扰动的。

线性摄动自适应模型参数的计算工作量是很大的。一个耦合线性梯度自适应控制器需要在线估计 $6n^2$ 个参数(n 为机器人的关节数)。巨大的计算工作量会降低实时控制的适应速率，这反过来又会影响控制器的速率。因此，比较简单的解耦自适应控制器倒是比较适用的。

操作机器人的自适应控制能够考虑并补偿各种未知的和不确定的因素，因而能够改善控制系统的动态特性。机器人系统采用自适应控制后能减小位置误差，说明自适应控制能够保证机器人系统具有良好的跟踪特性。针对 PUMA 操作机器人的实验，也得到了同样的结论。

自适应控制器的参考模型、自适应算法和系统辨识技术往往比较复杂，对应的计算工作量也较大。这将会降低控制计算机的实时处理效率。在各种自适应控制方案中，MRAC(尤其是简单解耦的 MRAC)方案的计算工作量最小，因而有可能用小型和微型计算机来控制。

操作机器人的自适应控制器的设计和研究还不够成熟。近年来，国内外学者已加强对这一课题的研究。可以期望，在不久的将来必将开发出更多的采用自适应控制的机器人。此外，自适应机器人的研究和应用，也将促进智能机器人的开发。21 世纪的操作机器人将呈现编程机器人、自适应机器人和智能机器人三足鼎立的局面。

5.7　机器人智能控制

机器人系统的控制方法是多种多样的。不仅传统的控制技术(如开环控制、PID 反馈控制)和现代控制技术(如柔顺控制、变结构控制、自适应控制)均在机器人系统中得到不同程度的应用，而且智能控制(如递阶控制、模糊控制、神经网络控制)也往往在机器人上最先得到开发。在这一节，我们首先阐述智能控制的基本概念，接着讨论智能控制的类型，然后举例介绍几种机器人智能控制系统，包括机器人的模糊控制、神经网络控制和进化控制等。

5.7.1 智能控制的基本概念

长期以来，自动控制科学对整个科学技术的理论和实践做出了重要贡献，为人类社会带来了巨大利益。然而，现代科学技术的迅速发展和重大进步，对控制和系统科学提出了更新、更高的要求。机器人系统控制正面临新的发展机遇和严峻挑战。传统控制理论，包括经典反馈控制和现代控制，在应用中遇到不少难题。多年来，机器人控制领域一直在寻找新的出路。现在看来，出路之一就是实现机器人控制系统的智能化，以期解决面临的难题。

自动控制科学面临的困难及其智能化出路说明自动控制既面临严峻挑战，又存在良好机遇。自动控制正是在这种挑战与机遇并存的情况下不断发展的。

1. 智能控制定义

智能控制至今尚无公认的统一的定义。然而，为了规定概念和技术，开发智能控制新的性能和方法，比较不同研究者和不同国家的成果，就要求对智能控制有某些共同的理解。

1）智能机器

能够在各种环境中执行各种拟人任务（anthropomorphic tasks）的机器叫做智能机器。通俗地说，智能机器是那些能够自主代替人类从事危险、厌烦、远距离或高精度等作业的机器。

2）自动控制

自动控制是指能按规定程序对机器或系统进行自动操作或控制的过程。简单地说，不需要人工干预的控制就是自动控制。例如，一个装置能够自动接收所测得的过程物理变量，自动进行计算，然后对过程进行自动调节，它就是自动控制装置。反馈控制、最优控制、随机控制、自适应控制和自学习控制等均属于自动控制。

3）智能控制

智能控制是指驱动智能机器自主地实现其目标的过程。或者说，智能控制是一类无需人干预就能够独立地驱动智能机器实现其目标的自动控制。对自主机器人的控制就是一例。

智能控制具有下列特点：

① 同时具有以知识表示的非数学广义模型和以数学模型表示的混合控制过程，含有复杂性、不完全性、模糊性或不确定性，以及不存在已知算法的非数字过程，并以知识进行推理，以启发来引导求解过程。因此，在研究和设计智能控制系统时，不应把主要注意力放在对数学公式的表达、计算和处理上，而应放在对任务和世界模型（world model）的描述、符号和环境的识别以及知识库和推理机的设计开发上。也就是说，智能控制系统的设计重点不在常规控制器上，而在智能机模型上。

② 智能控制的核心在高层控制，即组织级控制。高层控制的任务在于对实际环境或过

程进行组织，即决策和规划，实现广义问题求解。为了实现这些任务，需要采用符号信息处理、启发式程序设计、知识表示以及自动推理和决策等相关技术。这些问题的求解过程与人脑的思维过程具有一定相似性，即具有不同程度的“智能”。当然，低层控制级也是智能控制系统必不可少的组成部分，不过它往往属于常规控制系统，因而不属于本节研究范畴。

③ 智能控制是一门边缘交叉学科。实际上，智能控制涉及很多的相关学科。智能控制的发展需要各相关学科的配合与支援，同时也要求智能控制工程师是个知识工程师(knowledge engineer)。

④ 智能控制是个新兴的研究领域。无论在理论上或实践上，它都还很不成熟、不完善，需要进一步探索与开发。

图 5.23 所示为智能控制器的一般结构。

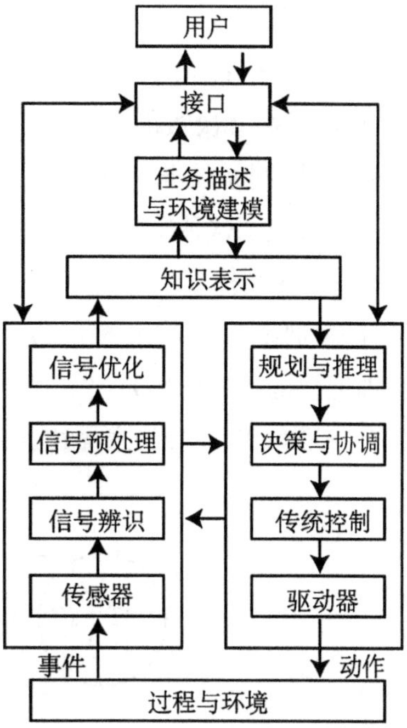

图 5.23　智能控制器的一般结构

2. 智能控制的结构理论

自从博京孙 1971 年提出把智能控制作为人工智能和自动控制的主要领域以来，许多研究人员试图建立智能控制这一新学科。他们提出了一些有关智能控制系统结构的思想，有助于人们进一步认识智能控制。

智能控制具有十分明显的跨学科(多元)结构特点。在此，我们主要讨论智能控制的二元交集结构、三元交集结构和四元交集结构 3 种思想，它们分别由下列各交集(通集)表示：

$$IC = AI \cap AC \tag{5.184}$$

$$IC = AI \cap AC \cap OR \tag{5.185}$$

$$IC = AI \cap AC \cap IT \cap OR \tag{5.186}$$

也可以用离散数学和人工智能中常用的公式来表示上述各种结构：

$$IC = AI \wedge AC \tag{5.187}$$

$$IC = AI \wedge AC \wedge OR \tag{5.188}$$

$$IC = AI \wedge AC \wedge IT \wedge OR \tag{5.189}$$

式中，AI 表示人工智能(artificial intelligence)；AC 表示自动控制(automatic control)；OR 表示运筹学(operation research)；IT 表示信息论(information theory 或 informatics)；IC 表示智能控制(intelligent control)；$\cap$ 表示交集；$\wedge$ 表示连词“与”符号。

1）二元结构

博京孙曾对几个与自学习控制(learning control)有关的领域进行了研究。为了强调系统的问题求解和决策能力,他用“智能控制系统”来概括这些领域。他指出“智能控制系统描述自动控制系统与人工智能的交接作用”。我们可以用式(5.184)和式(5.187)以及图5.24来表示这种交接作用,并把它称为二元交集结构。

2）三元结构

萨里迪斯于1977年提出另一种智能控制结构,他把傅京孙的智能控制扩展为三元结构,即把智能控制看作为人工智能、自动控制和运筹学的交接,如图5.25所示,我们可以用式(5.185)和式(5.188)来描述这种结构。

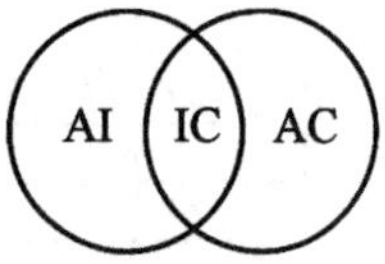

图5.24　智能控制级的二元结构

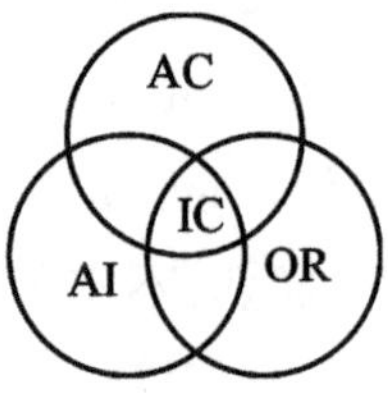

图5.25　智能控制的三元结构

萨里迪斯认为,构成二元交集结构的两元互相支配,无助于智能控制的有效和成功应用,必须把运筹学的概念引入智能控制,使它成为三元交集中的一个子集。

3）四元结构

在研究了前述各种智能控制的结构理论、知识、信息和智能的定义以及各相关学科的关系后,把智能控制看作自动控制、人工智能、信息论和运筹学4个学科的交集,如图5.26(a)所示,其关系如式(5.186)和式(5.189)描述。图5.26(b)表示这种四元结构的简化图。

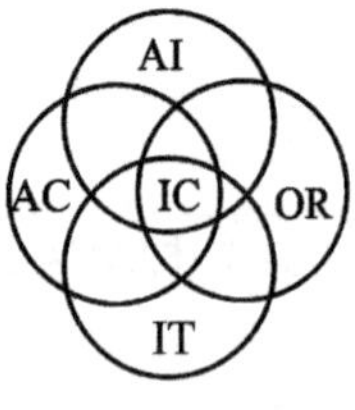

(a) 四元智能控制结构

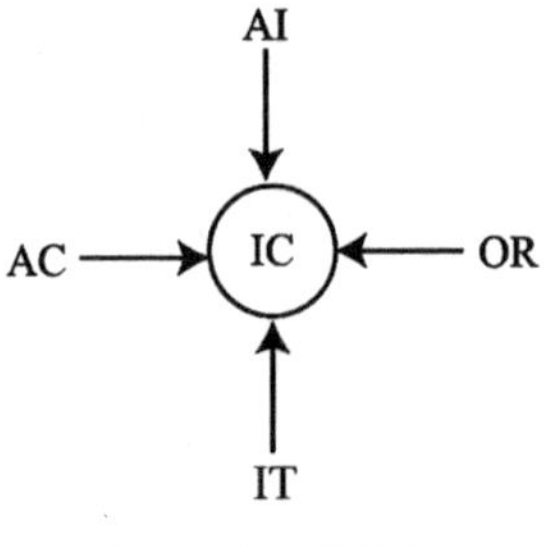

(b) 四元结构的简化图

图5.26　智能控制的四元结构

把信息论作为智能控制结构的一个子集是基于下列理由：

(1) 信息论是解释知识和智能的一种手段；

(2) 控制论、系统论、信息论是紧密相互作用的；

(3) 信息论已成为控制智能机器的工具；

(4) 信息熵成为智能控制的测度;

(5) 信息论参与智能控制的全过程,并对执行级起到核心作用。

5.7.2 智能控制系统的分类

智能控制系统包括递阶控制系统、专家控制系统、模糊控制系统、神经控制系统、学习控制系统和进化控制系统等。实际上,几种方法和机制往往结合在一起,用于一个实际的智能控制系统或装置,从而建立起混合或集成的智能控制系统。不过,为了便于研究与说明,我们逐一讨论这些控制系统。

1. 递阶控制系统

递阶控制系统是一种统一的认知和控制系统方法,由萨里迪斯和梅斯特尔(Mystel)等人提出。递阶智能控制是按照精度随智能降低而提高的原理(IPDI)分级分布的,这一原理是递阶管理系统中常用的。

在上面讨论智能控制的三元结构时,其递阶智能控制系统是由3个基本控制级构成的,其级联结构如图5.27所示。图中 f_E^C 为自执行级至协调级的在线反馈信号;f_C^O 为自协调级至组织级的离线反馈信号;$C=\{c_1, c_2, \cdots, c_m\}$ 为输入指令;$U=\{u_1, u_2, \cdots, u_m\}$ 为分类器的输出信号,即组织器的输入信号。

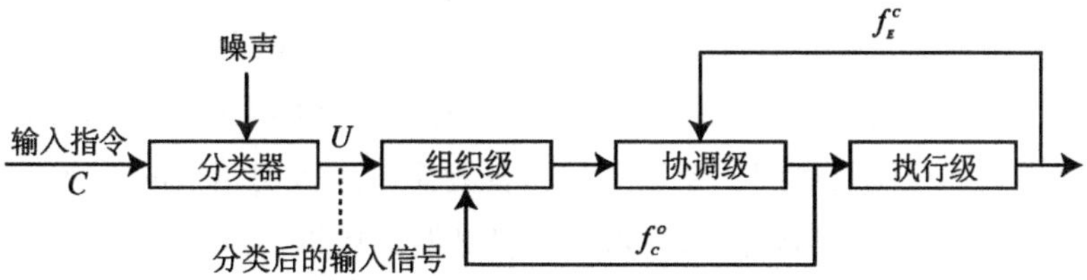

图5.27 递阶智能机器人级联结构

递阶智能控制系统是个整体,它把定性的用户指令变换为一个物理操作序列。系统的输出是通过一组施于驱动器的具体指令来实现的。其中,组织级代表控制系统的主导思想,并由人工智能起控制作用。协调级是上(组织)级和下(执行)级间的接口,承上启下,并由人工智能和运筹学共同作用。执行级是递阶控制的底层,要求具有较高的精度和较低的智能,按控制论进行控制,对相关过程执行适当的控制作用。

递阶智能控制系统遵循精度随智能降低而提高的原理。概率模型用于表示组织级推理、规划和决策的不确定性,指定协调级的任务以及执行级的控制作用。采用熵来度量智能机器执行各种指令的效果,并采用熵进行最优决策。

本方法为使自主智能控制系统适应现代工业、空间探索、核处理和医学等领域的需要,提供了一个有效途径。图5.28表示具有视觉反馈的PUMA600机械手的智能系统分级结构图。

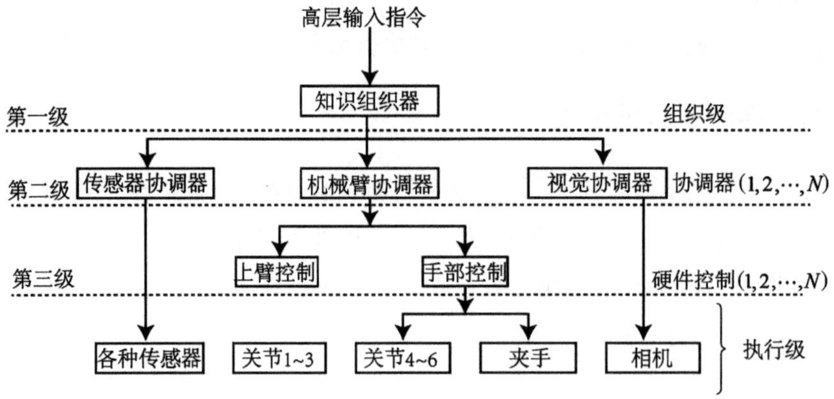

图 5.28　具有视觉反馈的机械手递阶控制结构

2. 专家控制系统

专家控制系统是一个应用专家系统技术的控制系统，也是一个典型的和广泛应用的基于知识的控制系统。

海斯·罗思(Hayes. Roth)等在 1981 年提出专家控制系统。他们指出，专事控制系统的全部行为能被自适应地支配。为此，该控制系统必须能够重复解释当前状况，预测未来行为，诊断出现问题的原因，制订校正规划，并监控规划的执行，确保成功。关于专家控制系统应用的第一次报道是在 1984 年，该系统是一个用于炼油的分布式实时过程控制系统。奥斯特洛姆等在 1986 年发表了题为“专家控制”(expert control)的论文，从此之后，更多的专家控制系统得到了开发与应用。专家系统和智能控制是密切相关的，它们至少有一点是共同的，即两者都以模仿人类智能为基础，而且都涉及某些不确定性问题。

专家控制系统因应用场合和控制要求不同，其结构也可能不一样。然而，几乎所有的专家控制系统(控制器)都包含知识库、推理机、控制规则集和控制算法等。

图 5.29 为专家控制系统的基本结构。它由知识库、推理机、控制规则量和特征识别信息处理等单元组成。知识库用于存放工业过程控制领域的知识。推理机用于记忆所采用的规则和控制策略，使整个系统协调地工作；推理机能够根据知识进行推理，搜索并导出结论。特征识别与信息处理单元的作用是实现对信息的提取与加工，为控制决策和学习适应提供依据，主要包括抽取动态过程的特征信息、识别系统的特征状态，并对特征信息做必要的加工。

EC 的输入集 $E=(R, e, Y, U)$，S 为特征信息输出集；K 为经验知识集；G 为规则修改命令；I 为推理机构输出集；U 为 EC 的输出集。

EC 的模型可用下式表示：

$$U=f(E, K, I) \tag{5.190}$$

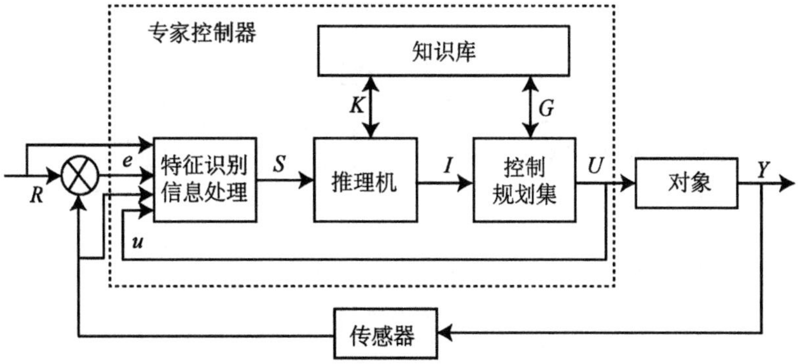

图 5.29 专家控制器的典型结构

智能算子 f 为几个算子的复合运算：

$$f=g\cdot h\cdot p$$

其中，g：$E\rightarrow S$；h：$S\times K\rightarrow I$；p：$I\times G\rightarrow U$。

g、h、p 均为智能算子，其形式为：

$$\text{IF}\quad A\quad \text{THEN}\quad B \tag{5.191}$$

其中，A 为前提条件；B 为结论。A 与 B 之间的关系可以包括解析表达式、模糊关系、因果关系和经验规则等多种形式。B 还可以是一个子规则集。

3. 模糊控制系统

在过去 20 多年中，模糊控制器(fuzzy controllers)和模糊控制系统是智能控制的一个十分活跃的研究领域。模糊控制是一类应用模糊集合理论的控制方法。模糊控制的有效性可从两个方面来考虑。一方面，模糊控制提供一种实现基于知识(基于规则)的甚至语言描述的控制规律的新机理。另一方面，模糊控制提供了一种改进非线性控制器的替代方法，这些非线性控制器一般用于控制含有不确定性和难以用传统非线性控制理论处理的装置。

模糊控制系统的基本结构如图 5.30 所示。其中，模糊控制器由模糊化接口、知识库、推理机和模糊判决接口 4 个基本单元组成。

(1) 模糊化接口：测量输入变量(设定输入)和受控系统的输出变量，并把它们映射到一个合适、相应的量程，把精确的输入数据变换为适当的语言值或模糊集合的标识符；本单元可视为模糊集合的标记。

(2) 知识库：涉及应用领域和控制目标的相关知识，由数据库和语言(模糊)控制规则库组成。数据库为语言控制规则的论域离散化和隶属函数提供必要的定义；语言控制规则标记控制目标和领域专家的控制策略。

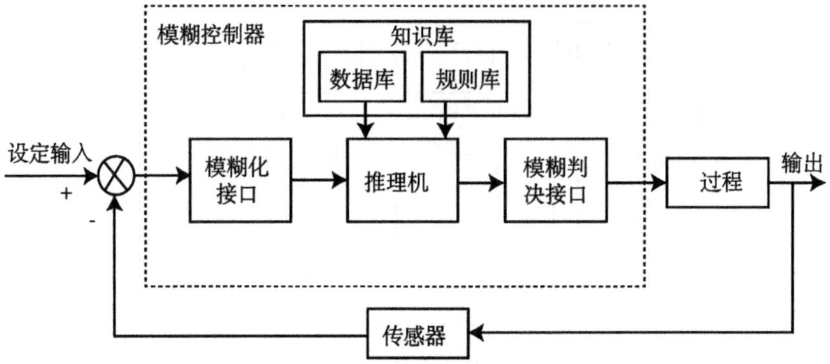

图 5.30 模糊控制系统的基本结构

(3) 推理机：是模糊控制系统的核心，以模糊概念为基础，模糊控制信息可通过隶属度函数和模糊逻辑的推理规则来获取，并可实现拟人决策过程。根据模糊输入和模糊控制规则，模糊推理求解模糊关系方程，获得模糊输出。

(4) 模糊判决接口：起到模糊控制的推断作用，并产生一个精确的或非模糊的控制作用；此精确控制作用必须进行逆定标(输出定标)，这一作用是在对受控过程进行控制之前通过量程变换来实现的。

4. 学习控制系统

学习控制系统是智能控制最早的研究领域之一。在过去 10 多年中，学习控制用于动态系统(如机器人操作控制和飞行器制导等)的研究，已成为日益重要的研究课题。国内外学者已经研究并提出许多学习控制方案和方法，并获得了较好的控制效果。这些控制方案包括：

(1) 基于模式识别的学习控制；

(2) 反复学习控制；

(3) 重复学习控制；

(4) 连接主义学习控制，包括强化学习控制；

(5) 基于规则的学习控制，包括模糊学习控制；

(6) 拟人自学习控制；

(7) 状态学习控制。

学习控制具有 4 个主要功能：搜索、识别、记忆和推理。在学习控制系统的研制初期，对搜索和识别的研究较多，而对记忆和推理的研究比较薄弱。学习控制系统分为两类，即在线学习控制系统和离线学习控制系统，分别如图 5.31(a)和图 5.31(b)所示。图中，R 代表参考输入；Y 为输出响应；u 为控制作用；s 为转换开关。当开关接通时，该系统处于离线学习状态。

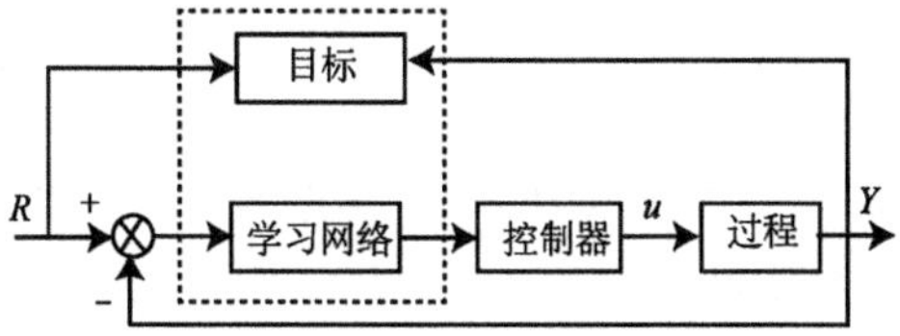

(a) 在线学习控制

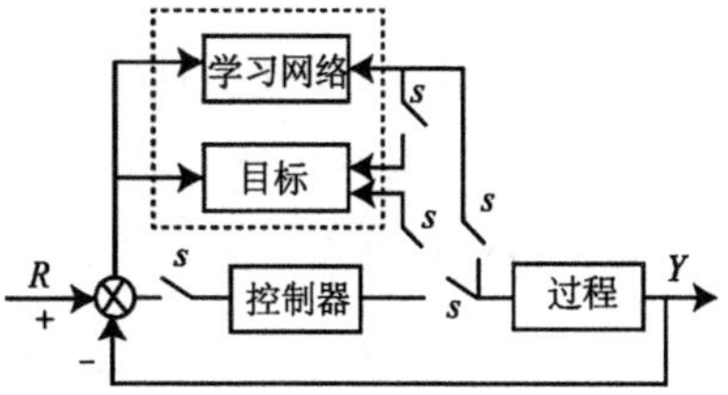

(b) 离线学习控制

图 5.31　学习控制系统原理图

离线学习控制系统应用比较广泛，而在线学习控制系统则主要用于比较复杂的随机环境。在线学习控制系统需要高速和大容量计算机，而且处理信号需要花费较长时间。在许多情况下，这两种方法互相结合，无论什么时候只要可能，先验经验总是通过在线方法获取，然后再在运行中进行在线学习控制。

5. 神经网络控制系统

基于人工神经网络的控制(ANN based control)简称神经控制(neural control)或 NN 控制，是智能控制的一个新的研究方向，可能成为智能控制的"后起之秀"。

自 1960 年威德罗(Widrow)和霍夫(Hoff)率先把神经网络用于自动控制研究以来，国内外学者对这一课题开展了大量研究。基尔默(Kilmec)和麦克洛克(McCulloch)等根据脊椎动物神经系统网状结构的原理，提出了 KMB 模型，并应用于美国的阿波罗登月计划。1964 年，威德罗和史密斯(Smith)完成了基于神经网络控制应用的最早例子。20 世纪 60 年代末期至 80 年代中期，神经网络控制与整个神经网络研究一样，处于低潮，研究成果很少，甚至被许多人所遗忘。80 年代后期以来，随着人工神经网络研究的复苏和发展，对神经网络控制的研究也日趋活跃。这方面的研究进展主要在神经网络自适应控制和模糊神经网络控制及其在机器人控制中的应用上。

尽管我们尚无法肯定神经网络控制理论及其应用研究将会有什么大的突破性成果；但可以确信的是，神经控制是个很有希望的研究方向。这是由于神经网络技术和计算机技术的发展为神经控制提供了技术基础，还因为神经网络具有一些适合于控制的特性和能力。这些特性和能力包括：

(1) 神经网络对信息的并行处理能力和快速性，适于实时控制和动力学控制。

(2) 神经网络的本质非线性特性，为非线性控制带来新的希望。

(3) 神经网络可通过训练获得学习能力，能够解决那些用数学模型或规则描述难以处理或无法处理的控制过程。

(4) 神经网络具有很强的自适应能力和信息综合能力，因而能够同时处理大量的不同类型的控制输入，解决输入信息之间的互补性和冗余性问题，实现信息融合处理。这适用于复杂系统、大系统和多变量系统的控制。

当然，神经控制的研究还有大量有待解决的问题。神经网络自身存在的问题，也必然会影响到神经控制器的性能。现在，神经控制的硬件实现问题尚未真正解决；对实用神经控制系统的研究，也有待继续开展与加强。

由于分类方法的不同，神经控制器的结构也有所不同，已经提出的神经控制的结构方案很多，包括 NN 学习控制、NN 直接逆控制、NN 自适应控制、NN 内模控制、NN 预测控制、NN 最优决策控制、NN 强化控制、CMAC 控制、分级 NN 控制和多层 NN 控制等。

当受控系统的动力学特性是未知的或仅部分已知时，必须设法摸索系统的规律性，以便对系统进行有效的控制。基于规则的专家系统或模糊控制能够实现这种控制。监督(即有导师)学习神经网络控制(supervised neural control，SNC)为另一实现途径。

图 5.32 表示监督式神经控制器的结构，其中包含一个导师和一个可训练控制器。实现 SNC 需有下列步骤：

(1) 通过传感器及传感信息处理获取必要的和有用的控制信息。

(2) 构造神经网络，包括选择合适的神经网络模型、结构参数和学习算法等。

(3) 训练 SNC，实现从输入到输出的映射，以产生正确的控制。在训练过程中，作为导师的可以是线性控制律，或是采用反馈线性化和解耦变换的非线性反馈，也可以是以人作为导师对 SNC 进行训练。

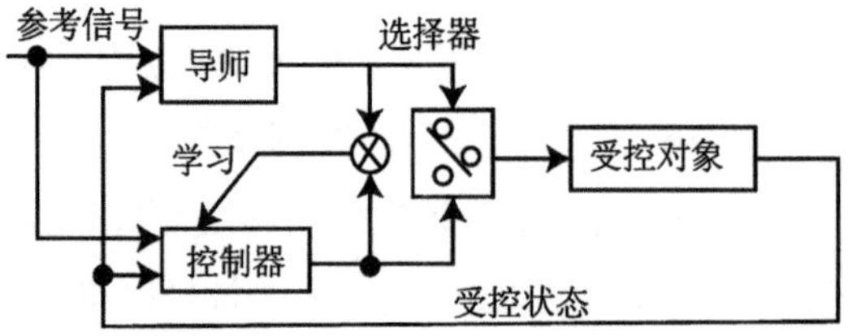

图 5.32　监督式学习 NN 控制器的结构

第 6 章　机器人传感器及驱动器

6.1　机器人常用传感器

要使机器人拥有智能，能够对环境变化做出反应，机器人必须具有感知环境的能力。用传感器采集信息是机器人智能化的第一步。采取适当的方法将多个传感器获取的环境信息加以综合处理，控制机器人进行自主导航和智能作业，是提高机器人智能程度的重要体现。因此，传感器及其感知处理系统是构成机器人智能的重要部分，为机器人自主导航和智能作业提供决策和依据。机器人的感知系统通常由多种传感器组成，用于感知机器人自身状态和外部环境，通过此信息决策控制机器人完成特定或多项任务。

对机器人来说，传感器是用于测量机器人自身状态的功能元件，并将测得的信息作为反馈信息送至控制器，形成闭环控制。传感器主要检测机器人的行程、速度、倾斜角等。常用的机器人传感器包括磁性编码器、陀螺仪及惯性测量单元（IMU）等。

6.1.1　磁性编码器

磁性编码器的主要组成部分有磁阻传感器、磁鼓和信号处理电路，其结构如图 6.1 所示。磁性编码器的工作原理是通过磁鼓充磁，在跟随电动机旋转时产生周期分布的空间漏磁场，再由磁阻传感器探头利用磁电阻效应将这种磁场变化转换为电阻变化。在外加电势的作用下，这种变化转换为相应的电压信号。之后信号处理电路将电压信号转化为计算机能够识别的数字信号，这样就实现了磁性编码器的编码功能。其中，磁鼓是决定磁性编码器性能的主要因素。磁鼓被等分为很多小磁极，小磁极的个数决定了磁性编码器的分辨率。同时，磁极分布越均匀，剩磁越强，磁性编码器的性能越好。

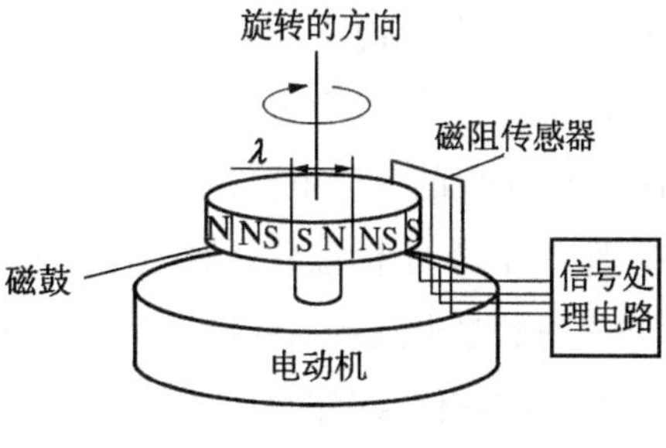

图 6.1　磁性编码器的结构

6.1.2 陀螺仪

早期的轮式机器人一般采用编码器获得机器人的航向与里程信息。但是，依靠编码器进行航迹推测的误差很大，尤其是用编码器信息计算机器人的航向。近年来，随着光纤技术的发展，新型惯性仪表光纤陀螺仪（fiber optic gyroscope，FOG）已经广泛应用于机器人导航控制系统中机器人的航向角测量。相比于传统机电陀螺，光纤陀螺仪体积小、质量小、功耗低、寿命长，同时可靠性高、动态范围大、启动快速。

自 1976 年美国犹他大学的 V·瓦利（V. Vali）教授首次提出光纤陀螺仪设想以来，光纤陀螺仪已经发展了近 50 年。光纤陀螺仪基于 Sagnac 干涉原理，如图 6.2(a)所示。对于在半径为 R 的圆环光路中，两束光射入，但方向相反。若环路以 ω 的角速度旋转，正、逆两束光沿闭合光路走一圈后会合时的光程差为 $\Delta s=\frac{4\pi R^2}{c}\omega$，其中 c 为光速。可见，两束光的光程差与陀螺仪相对惯性坐标系的角速度 ω 成正比，只要测出光程差，就可测得 ω。人们根据 Sagnac 干涉原理设计了光纤陀螺仪，其结构示意图如图 6.2(b)所示。

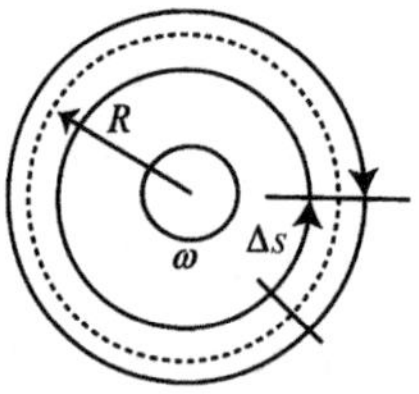

(a) Sagnac 干涉原理

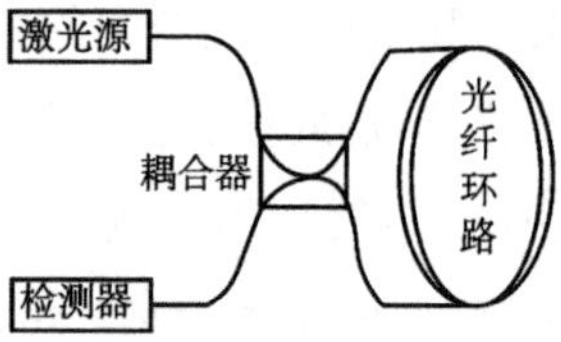

(b) 光纤陀螺仪结构示意图

图 6.2 光纤陀螺仪的工作原理

作为机器人航迹推测的主要器件之一，光纤陀螺仪性能的好坏直接影响移动定位的精度。光纤陀螺仪的主要性能指标有零偏、标度因素、零漂和随机游走系数。零偏是输入角速度为 0(陀螺静止)时陀螺仪的输出量，用规定时间内的输出量平均值对应的等效输入角速度表示，理想情况下为自转角速度的分量。标度因素是陀螺仪输出量与输入角速率的比值，在坐标轴上可以用某一特定的直线斜率表示，反映陀螺仪灵敏度的指标，其稳定性和精确性是陀螺仪的一项重要指标，综合反映了光纤陀螺仪的测试和拟合精度。零漂又称零偏稳定性，它的大小标志着观测值围绕零偏的离散程度。随机游走系数是由白噪声产生的随时间累积的输出误差系数，反映了光学陀螺仪输出随机噪声的强度。

光纤陀螺仪误差的产生原因比较复杂，按误差性质主要分为随机误差和常值漂移(零源)。按产生原因则可以分为外部原因和内部自身因素。外部原因主要指温度、磁场等因素的影响，而内部自身因素主要指自身器件的参数漂移和工作特性。此外，还可以按性能参数分为零偏和零漂、标度因素、角度随机游走系数等。各误差间的相互关联和影响使得光纤陀螺仪误差产生的原因错综复杂。目前，国内外研制的光纤陀螺仪的漂移量减少程度和标度因数稳定性能都以数量级的形式提高，但是其漂移误差还是无法避免，特别是受环境温度影响而产生的误差，通常可采用一些处理技术对误差进行补偿，从而减小误差的影响。

光纤陀螺仪的误差补偿技术主要有以下几种：

（1）抑制光纤中的散射噪声：当光纤内部介质不均匀时，光纤中会产生后向瑞利散射，这是光纤陀螺仪的主要噪声源。散射光和主要光速相干叠加时会对主光束产生相位影响，因此要抑制这些噪声。抑制噪声的主要方法是：采用超级发光二极管等低相干光源、光隔离器、宽带激光器和相位调制器等作为光源，对后向散射光提供频差，并对光源进行脉冲调剂。

（2）减小温度引起的系统漂移：环境温度的变化会使得光纤陀螺仪纤芯的折射率、媒质的热膨胀系数及光纤环的面积发生改变，从而使得光在介质中的传输受到影响，进而影响到检测转动角速度的标度因素的稳定性。此外，热辐射会造成光纤环局部温度发生梯度变化，引起左右旋光路光程不等，从而引起非互易相移。它会和 Sagnac 效应产生的非互易相移发生叠加，从而影响光纤陀螺仪的精度，可对光纤线圈进行恒温处理，如使用铝箔屏蔽隔离、采用温度系数小的光纤和被覆材料、采用四极对称方法绕制光纤环等。

（3）减少光路功能元件的噪声：光路功能元件有偏振器、耦合器（分束器、合数器）、相位调制器和光电检测器等。偏振会对光纤陀螺仪的偏置稳定性造成很大影响，如光纤线圈的偏振干扰或者其他元件间的偏振波动效应等。器件性能不佳也会导致引入后与光纤的对接带来的光轴不对准、接点缺陷等引起的附加损耗和缺陷，产生破坏互异性的新因素，可采用保偏光纤提高偏振器消光比，以及采用偏振面补偿装置及退偏振镜等方法减少噪声。同时，通过提高器件和光路组装工艺水平来提高器件和光路的性能，也是减少噪声的重要前提。

（4）改进半导体激光光源的噪声特性：干涉的效果会受光源的波长变化、频谱变化及光功率波动的直接影响。返回到光源的光将直接干扰它的发射状态，造成二次激发，与信号光产生二次干涉，从而引起发光强度和波长的波动。对于光源波长变化的影响，一般可通过数据处理方法解决。若波长是由温度引起的，则直接测量温度，进行温度补偿。对于返回光的影响，则可采用光隔离器、信号衰减器或选用超辐射发光二极管等低相干光源解决。

6.1.3　惯性测量单元

惯性测量单元（inertial measurement unit，IMU）是一种电子装置，使用一个或多个加速度计、陀螺仪的组合测量物体的加速度和角速度。加速度计检测物体在载体坐标系统独立三轴的加速度信号，陀螺仪检测载体相对于导航坐标系的角速度信号，从而测量物体在三维空间中的角速度和加速度，并以此解算出物体的姿态。有些 IMU 还包括一个通常用作航向基准的磁力计。典型的 IMU 配置包括三轴加速度计和三轴陀螺仪，有些还包括三轴磁力计，可用于检测物体的俯仰角、横滚角和侧倾角，IMU 的工作原理如图 6.3 所示。

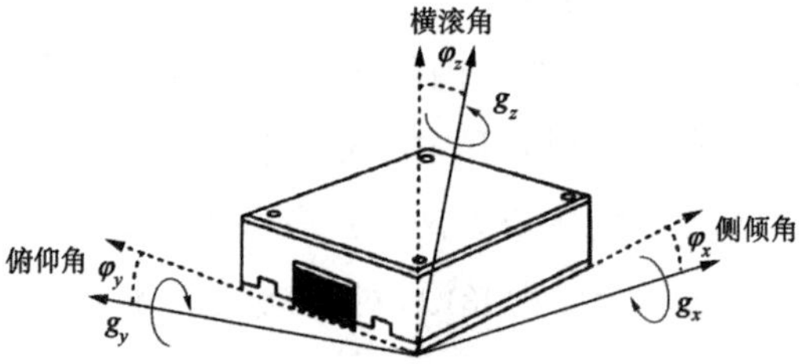

图 6.3　IMU 的工作原理

通常采用原始的 IMU 测量计算姿态、角速度、线速度和相对于全局参考系位置的系统，称为惯性导航系统（Inertial Navigation System，INS），简称惯导。在惯性导航系统中，IMU 测量的数据被输入处理器，处理器通过算法计算出姿态、速度和位置。

惯性导航系统有以下优势：

(1) 不依赖于任何外部信息，也不向外部辐射能量，是一种完全自主式系统，其隐蔽性好，不受外界电磁干扰的影响。

(2) 可全天候工作于空中、地球表面乃至水下。

(3) 能提供位置、速度、航向和姿态角数据，产生的导航信息连续性好，而且噪声低。

(4) 数据更新率高、短期精度和稳定性好。

使用 IMU 导航的一个主要缺点是会出现积分错误。由于惯性导航系统在计算速度和位置时不断地对加速度进行积分，因此任何测量误差无论多小，都会随着时间而累积，从而导致“漂移”，即系统认为它所处的位置与实际位置之间的差距越来越大。由于积分，加速度的常数误差导致速度的线性误差和位置的二次误差增加，姿态速率的恒定误差导致速度的二次误差和位置的三次误差增加，惯性导航固有的漂移率会导致物体运动的差错。此外，由于惯性导航系统的性价比主要取决于惯性传感器——陀螺仪和加速度计的精度和成本，而高精度陀螺仪由于制造困难导致成本高，这使得早期的惯性导航系统造价高。

近年来，微电子技术用来制造微传感器和微执行器等各种微机械装置，微机电系统异军突起。微机电系统（Micro-Electro-Mechanical System，MEMS）是指集机械元件、微型传感器及信号处理和控制电路、接口电路、通信和电源为一体的完整微型机电系统。MEMS 传感器的主要优点是体积小、质量小、功耗低、可靠性高、灵敏度高、易于集成等，用 MEMS 工艺制造传感器、执行器或者微结构，具有微型化、集成化、智能化、低成本、效能高、可大批量生产等特点，产能高、良品率高。MEMS 技术制造的惯性传感器成本低廉，它的出现使得惯性导航系统由贵族产品走向货架产品。图 6.4 所示为一种 MEMS 惯性传感器。

MEMS 惯性传感器一般包括加速度计(或加速度传感器)、角速度传感器(陀螺仪)及它们的单、双、三轴组合 IMU 和 AHRS(包括磁传感器的姿态参考系统)。MEMS 惯性传感器可与 GPS 构成低成本的 INS/GPS 组合导航系统,是一类非常适合构建微型捷联惯性导航系统的惯性传感器。MEMS 惯性传感器的误差有两种：零偏误差和随机噪声信号带来的误差。

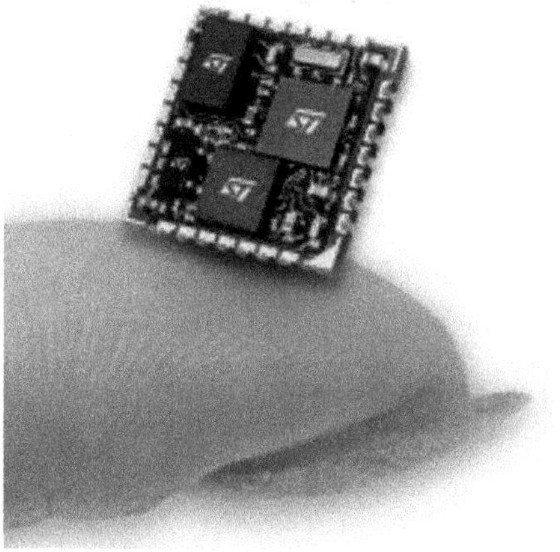

图 6.4　MEMS 惯性传感器

(1) 零偏误差：当传感器测量的载体处于水平静止状态时,测量值相对于零值的偏移。零偏误差不断积累会导致计算结果产生积分误差。零偏误差是由加速度传感器测量值的平均值减去理想值得到的,在系统应用时,把传感器三轴分别减去误差值,即可消除零偏误差。

(2) 随机噪声信号带来的误差：随机噪声主要来源于 MEMS 传感器上控制转换电路的电路噪声、机械噪声和传感器工作时的环境噪声。随机噪声信号带来的误差会严重影响传感器的测量精度。使用扩展卡尔曼滤波可以获得最优状态估计,降低噪声的影响,从而提高传感器的测量精度。

近年来,基于 MEMS 技术的 IMU 的发展,使 IMU 得到了广泛的应用。例如,在生物力学领域,使用 IMU 的可穿戴的、安全的、不笨重的设备与人体应用程序兼容,IMU 在监测日常人类活动,如步态或运动表现和神经肌肉疾病患者康复过程的结果方面显示出良好的准确性。除此之外,IMU 通常用于操纵飞机的姿态和航向参考系统。最近几年的发展,允许生产支持 IMU 的 GPS 设备。当物体在隧道内、建筑物内或存在电子干扰时,GPS 信号不可用,IMU 替代 GPS 接收器工作。而 MEMS 在移动机器人导航中也得到了非常广的应用。在许多情况下,移动机器人必须自主工作,利用导航系统监测并控制机器人的移动,管理位置和运动精度是实现移动机器人有用、可靠、自主工作的关键。

6.2　机器视觉传感器

机器人常用的视觉传感器包括摄像头、激光雷达、红外线传感器、智能 CMOS 传感器等。摄像头可以捕捉图像;激光雷达可以测量距离和检测障碍物;红外线传感器可以检测热源;超声波传感器可以测量距离和检测障碍物。这些传感器可以帮助机器人感知周围环境,从而实现自主导航、物体识别、姿态估计等功能。

6.2.1 激光雷达

激光雷达也是一种基于 TOF(time of flight)原理的外部测距传感器。由于使用的是激光而不是声波,它得到了很大改进,精度高,解析度高。激光雷达传感器由发射器和接收器组成,发射器和接收器连接在一个可以旋转的机械结构上,某时刻发射器将激光发射出去,之后接收器接收返回的激光,并计算激光与物体碰撞点到雷达原点的距离。

激光雷达的基本测距原理是测量发射光束与从被测物体表面反射的光束的时间差 Δt,通过时间差和光速计算被测物体的激光雷达的距离 d。

$$d=\frac{c\Delta t}{2} \tag{6.1}$$

式中,c 为光速。

测量时间差有三种不同的技术。

(1) 脉冲检测法:直接测量反射脉冲与发射脉冲之间的时间差。早期雷达用显示器作为终端,在显示器画面上根据扫掠量程和回波位置直接测读延迟时间,现在雷达常采用电子设备自动测读回波到达的延迟时间。

(2) 相干检测法:通过测量调频连续波(frequency modulated continuous wave, FMCW)的发射光束和反射光束间的差频而测量时间差。

(3) 相移检测法:通过测量调幅连续波(amplitude modulated continuous wave, AMCW)的发射光束和反射光束间的相位差而测量时间差。由于相位差的 2π 周期性,因此,这一方法测得的只是相对距离,而非绝对距离,这是 AMCW 激光成像雷达的重大缺陷。其中,2π 相位差对应的距离称作多义性间距(ambiguity interval)。

激光雷达 LMS291[如图 6.5(a)所示]是德国 SICK 公司生产的高精度测距传感器,是单线激光雷达的典型代表。

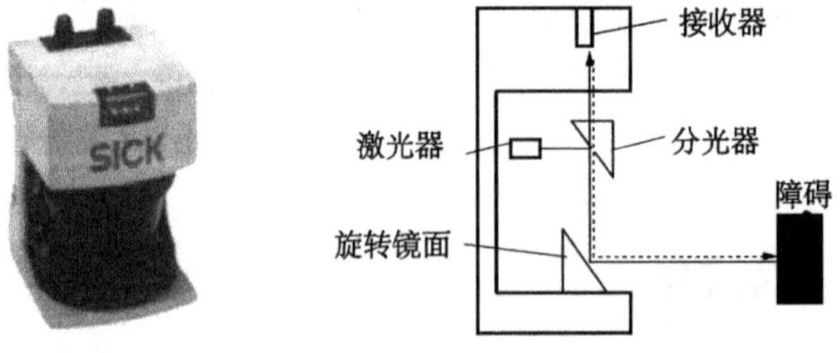

(a) 激光雷达 LMS291　　(b) LMS291 的工作原理

图 6.5 激光雷达 LMS291 及其工作原理

LMS291 是一种非接触自主测量系统,通过扫描一个扇形感知区域的障碍,其工作原理如图 6.5(b)所示。激光器发射的激光脉冲经过分光器后,分为两路,一路进入接收器;另一路则由反射镜面发射到被测障碍物体表面，反射光也经由反射镜返回接收器。发射光与反射光的频率完全相同，因此可通过发射光、反射光之间的时间间隔与光速的乘积计算出被测障碍物体的距离。LMS291 的反射镜转动速度为 4 500 r/m，即每秒旋转 75 次。由于反射镜的转动，激光雷达可以在一个角度范围内获得线扫描的测距数据。

上述激光雷达是单线雷达，但在现代应用中，尤其是基于激光的 SLAM、无人车及 3D 建模等，应用较多的是 16 线、32 线、64 线激光雷达，通过不断旋转激光发射头，将激光从“线”变成“面”，并在竖直方向上排布多束激光（4、16、32 或 64 线），形成多个面，达到动态 3D 扫描并动态接收信息的目的。目前，一般多线激光雷达的水平感知范围是 0°～360°，垂直感知范围约为 30°，提供的是包含目标距离、角度、反射率的激光点云数据。基于激光点云数据，可以进行障碍物检测与分割、可通行空间检测、障碍物轨迹预测、高精度电子地图绘制与定位等工作。目前，市面上最常用的是美国 Velodyne 系列的激光雷达，其参数见表 6.1。

表 6.1　Velodyne 系列的激光雷达的参数

系列	HDL-64E	HDL-32E	VLP_16/PUCK	VLP-32C/PUCK
特点	性能佳、价格贵	体积更小、更轻	适用于无人机	汽车专用
激光器数	64	32	16	32
尺寸	203 mm×284 mm	86 mm×145 mm	104 mm×72 mm	104 mm×72 mm
质量	13.2 kg	1.3 kg	0.83 kg/0.53 kg	(0.8～1.3)kg
激光波长	905 nm	905 nm	905 nm	903 nm
水平视野	360°	360°	360°	360°
垂直视野	+2°～−24.6°	+10.67°～−36.67°	+15°～−15°	+15°～−25°
输出频率	130 万点/s	70 万点/s	30 万点/s	60 万点/s
测量范围	100～200 m	80～120 m	100 m	200 m
距离精度	<2 cm	<2 cm	<3 cm	<3 cm
水平分辨率	5 Hz：0.08° 10 Hz：0.17° 20 Hz：0.35°	5 Hz：0.08° 10 Hz：0.17° 20 Hz：0.35°	5 Hz：0.1° 10 Hz：0.2° 20 Hz：0.4°	5 Hz：0.1° 10 Hz：0.2° 20 Hz：0.4°
垂直分辨率	0.4°	1.33°	2.0°	0.33°
防护标准	IP67	IP67	IP67	IP67
典型图片		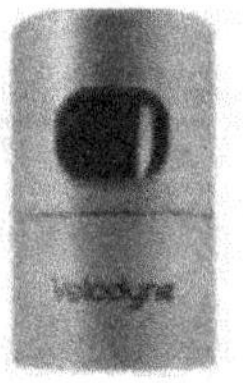		

下面以 Velodyne 16 线激光雷达 VLP-16 为例，进行多线激光雷达的介绍。VLP-16 是通过将 16 对激光/探测器紧凑地安装在一个外壳内，创建 360°的三维点云图像。探测器在其内部快速旋转扫描周围的环境。激光每秒发射数千次，实时生成丰富的三维点云，VLP-16 先进的数字信号处理和波形分析提供了高精度、扩展距离传感和校准反射率数据。独特的功能包括水平视场(horizontal field of view, HFOV)达到 360°，旋转速度为 5～20 r/s(可调)，垂直视场(vertical field of view，VFOV)达到 30°，有效距离达 100 m。这种 16 线激光雷达主要用于无人驾驶汽车。

图 6.6 所示为 VLP-16 激光雷达连接示意图，图中 1 是 PC 机(笔记本电脑或台式机)，2 是 INS/GPS 天线接口(可选)，3 是 Velodyne 接口盒，4 是 Velodyne 激光雷达传感器，5 是直流电源线。Velodyne 接口盒用来给激光雷达传感器提供电源、时钟信号和点云数据的输出。PC 机通过网口连接接口盒读取激光的数据，INS/GPS 则可通过接口盒提供时间脉冲数据，使激光雷达精确地同步 GPS 时钟，使用户能够确定每个激光的准确发射时间。

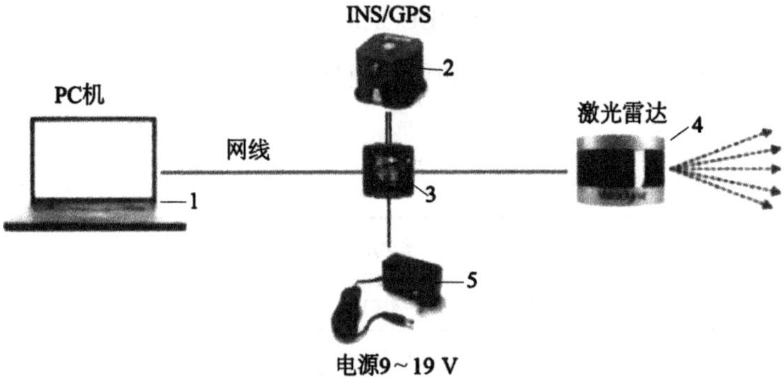

图 6.6　VLP-16 激光雷达连接示意图

激光雷达在机器人中扮演越来越重要的角色，主要是因为它与摄像机等其他传感器相比有以下优势：

(1) 激光雷达采用主动测距法，接收到的是物体反射的自己发出的激光脉冲，从而使得激光雷达对环境光的强弱和物体色彩差异具有很强的鲁棒性。

(2) 激光雷达直接返回被测物体到雷达的距离，与立体视觉复杂的视差深度转换算法相比更直接，而且测距更精确。

(3) 单线或多线扫描激光雷达，每帧返回几百到几千个扫描点的程距，相比摄像机每帧要记录百万级像素的信息，前者速度更快，实时性更好。

(4) 激光雷达还具有视角大、测距范围大等优点。

同时，激光雷达因为复杂性和高价格使得其在机器人上的应用受到很大限制。由于激光点云的稀疏性，这类激光雷达在获取障碍物的几何形状上能力不足，但是其快速的信息采集速度和较小的系统误差，使得它十分符合机器人中较高的实时性要求和复杂的工作环境要求。

由于激光测距雷达具有固有优点，人们很早就开始利用它。早在20世纪70年代，国外就有人开始使用激光测距系统得到的图像解释室内景物。其后，激光测距系统得到不断发展，并越来越显示出它在实时计算机视觉和机器人领域中的作用。当前，其应用已涉及机器人、自动化生产、军事、工业和农业等领域。随着研究成果的积累和工作的进一步深入，激光雷达逐渐应用到未知的、非结构化的、复杂环境下机器人的导航控制中。

根据研究者的需要和研究目标的不同，激光雷达的具体应用多种多样，激光雷达可用来进行机器人位姿估计和定位，进行运动目标检测和跟踪，进行环境建模和避障，进行同时定位和地图构建（SLAM），还可以应用激光雷达数据进行地形和地貌特征的分类，有的激光雷达不仅能获得距离信息，还能获得回波信号的强度，所以也有人利用激光雷达的回波强度信息进行障碍检测和跟踪。

6.2.2　红外线传感器

红外线传感器是一种以红外线为介质，通过感应目标辐射的红外线，利用红外线的物理性质测量距离的传感器。因其测量范围广、响应时间短而得到广泛应用。红外线传感器包括光学系统、检测系统和转换电路三大部分。光学系统按照结构的不同可以分为透射式和反射式检测系统。按照工作原理的不同可以分为热敏检测元件和光电检测元件。其中热敏元件中最常见的是热敏电阻，受到红外辐射的热敏电阻温度会升高，电阻值发生变化，然后通过转换电路变成电信号输出。图6.7所示为红外线传感器的原理结构。红外测距传感器是通过检测目标红外辐射工作的，其一般工作过程如表6.2所示。

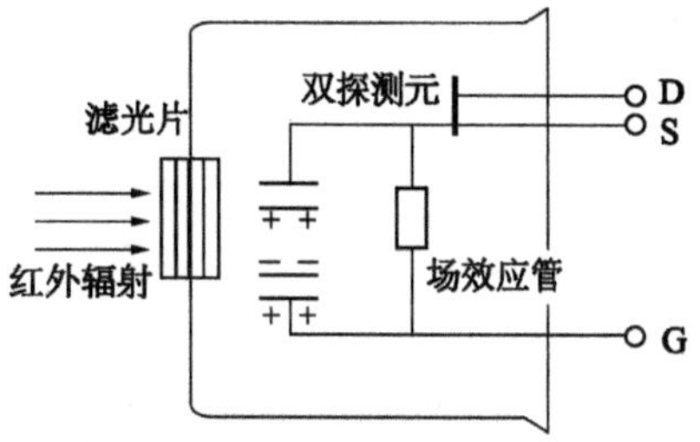

图6.7　红外线传感器的原理结构

表6.2　红外线传感器的一般工作工程

红外线	(1) 红外线可以是内置的，也可以来自外部环境； (2) 可设置探测范围和待探测的红外辐射波长
传输介质	真空、空气或光纤
光学系统	(1) 将红外辐射聚到探测器中； (2) 内有光学透镜或者反射镜； (3) 系统材料可根据反射或者接收的红外波长进行选择
探测器	(1) 光子探测器依赖于波长，感光度取决于波长，能提供更高的检测性能和更快的响应速度，同时需要冷却才能获得精确的测量结果； (2) 热探测器利用红外线作为热量，感光度与被探测的波长无关且无需冷却，但响应时间慢，检测能力低
信号处理	对探测器的微弱信号进行放大等处理

根据探测机理不同，红外测距传感器可分为基于光电效应的光子探测器和基于热效应的热探测器。根据工作机制不同，红外测距传感器可分为主动红外测距传感器和被动红外测距传感器。下面详细介绍主动红外测距传感器和被动红外测距传感器。

主动红外测距传感器是一种主动发射红外辐射，然后被接收器接收的红外测距传感器。红外辐射由红外发光二极管(LED)发射，然后被光电二极管、光电晶体管或光电管接收。在探测过程中，遇到目标物体时，在发射和接收过程中辐射会发生改变，从而引起接收器接收到的辐射的变化。主动红外测距传感器可分为两种类型：断开光束测距传感器和反射红外测距传感器。断开光束测距传感器的发射器发射的红外光直接落入接收器中，如图6.8所示。在操作过程中，红外光不断地向接收器发射。在发射器和接收器之间放置一个物体，可以中断红外流。如果红外光在传输时发生了改变，那么接收器根据辐射的变化产生相应的输出。同样，如果辐射被完全阻断，接收器可以检测到，并提供所需的输出。而发射红外测距传感器使用红外反射特性。发射器发出红外光束，该光束被物体反射，反射的红外光被接收器检测到，如图6.9所示。物体的反射率决定了该物体引起反射红外光的性质变化或接收器接收到的红外光量的变化。因此，探测接收到的红外光的数量变化有助于确定物体的性质。

图6.8 断开光束测距传感器模型

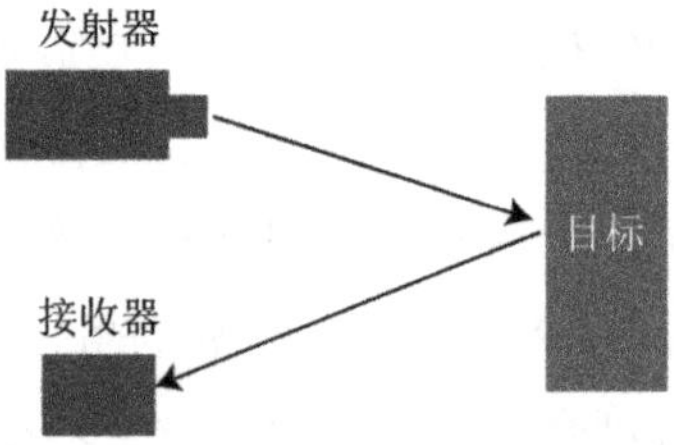

图6.9 反射红外测距传感器模型

被动红外测距传感器检测来自外部源的红外光，本身不会产生任何红外光，当物体在传感器的视野范围内时，它根据热输入提供读数。被动红外测距传感器也有两种类型，热被动红外测距传感器和热释电红外测距传感器。

相比于其他传感器，红外测距传感器有如下优点：

(1) 功耗低。

(2) 电路简单，编码、解码简单。

(3) 光束方向性确保数据在传输过程中不会泄漏。

(4) 噪声抗扰度相对较高。红外线属于环境因素，不相干性良好的探测介质，对于环境中的声响、雷电、各类人工光源及电磁干扰源，具有良好的不相干性。

(5) 环境适应性优于可见光，尤其是在夜间和恶劣气候下的工作能力。

同时，红外测距传感器有如下缺点：

(1) 由于红外测距传感器是基于红外线的，因此光线是其工作必不可少的条件。

(2) 短程。

(3) 数据传输速率相对较低。

(4) 阳光直射、雨水、雾及灰尘等会影响传播。

红外测距传感器的固有优点使其在工业生产及日常生活中得到广泛的应用。在辐射量、光谱测量仪器中，红外测距传感器可用于如全球变暖等的气候变化观察的基于中红外辐射测量的地面辐射强度计，可用于宇宙天体天文观察的基于远红外辐射测量的红外空间望远镜，佩戴红外光谱扫描辐射仪的气象卫星，可实现对云层等气象的观察分析。在军事领域，红外追踪应用十分普遍。在通信中，低功耗、低成本、安全可靠的红外通信系统是一种采用调制后的红外辐射光束传输编码后的数据，再由硅光电二极管将接收到的红外辐射信号转换成电信号，实现近距离通信的系统，具有不干扰其他邻近设备的正常工作的特点，特别适用于人口高密度区域的户内通信。在日常生活中，红外测距传感器产品的主要应用领域为家电、玩具、防盗报警、感应门、感应灯具、感应开关等。例如，红外自动感应灯、感应开关能感应人体红外线，人来灯亮、人离灯灭，实现自动照明。

6.2.3　智能CMOS传感器

20世纪70年代初期，人们针对感光耦合组件(charge coupled device，CCD)的不足，另外开发了几种全新固态图像传感器，其中采用标准互补金属氧化物半导体(complementary metal oxide semiconductor，CMOS)制造工艺的CMOS图像传感器是最有发展潜力的。与CCD图像传感器相比，CMOS图像传感器的优点是功耗小、成本低、速度快，但由于受到早期制造工艺技术水平的限制，分辨率低、噪声大、光照灵敏度弱、图像质量差，没有得到充分的重视和发展。而CCD因为光照灵敏度高等优点一直主宰着图像传感器市场。20世纪90年代初期，随着超大规模集成电路制造技术的迅速发展，以及集成电路设计技术和工艺水平的提高，采用CMOS工艺可在单芯片内集成图像感应单元、信号处理单元、模拟数字转换器、信号处理电路等，大大降低了系统复杂度。CMOS图像传感器过去存在的缺点，现在都在被有效地克服，而其固有的优点更是CCD器件无法比拟的，因而再次成为研究的热点，并获得了迅速的发展。CMOS图像传感器不仅大量用于便携式数码相机、手机摄像头、手持摄像机和数码单反相机等消费类电子产品中，而且广泛应用于智能汽车、卫星、安保、机器人视觉等领域。近年来，越来越多的CMOS图像传感器出现在生物技术和医药领域。

相比于CCD图像传感器成熟的制造工艺，CMOS图像传感器的制造基于标准CMOS大规模集成电路(LSI)制造工艺，该特性使CMOS图像传感器可以在芯片内部集成相关功能电路以实现智能化，从而使它拥有更优越的性能，并可以实现许多传统图像传感器无法实现的功能。CMOS图像传感器一般由光敏单元阵列(像元阵列)、行选通逻辑、列选通逻辑、定时和控制电路、片上模拟信号处理器构成。更高级的CMOS图像传感器还集成有片上 ADC，将光敏单元（光敏二极管）阵列、放大器、ADC、DSP、行阵列驱动器、列时序控制逻辑单元、数据总线输出接口及控制接口等部分采用传统的芯片工艺方法集成在一块硅片上，如图 6.10 (a)所示。

带 ADC 的 CMOS 图像传感器组成如图 6.10 (b)所示，在同一芯片上集成有模拟信号处理电路、I2C 控制接口、曝光及白平衡控制、视频时序产生电路、ADC、行选择、列选择及放大和光敏单元阵列。芯片上的模拟信号处理电路主要执行相关双采样功能，芯片上的 ADC 可以分为像素级、列级和芯片级，即每个像素采用一个 ADC，或者每个列像素共用一个 ADC，或者每个感光阵列有一个 ADC。由于受芯片尺寸的限制，所以像素级的 ADC 不易实现，CMOS 芯片内部提供了一系列控制寄存器，通过总线编程对自增益、自动曝光、白平衡、校正等功能进行控制，编程简单，控制灵活。直接输出的数字图像信号可以很方便地送至后续电路处理。

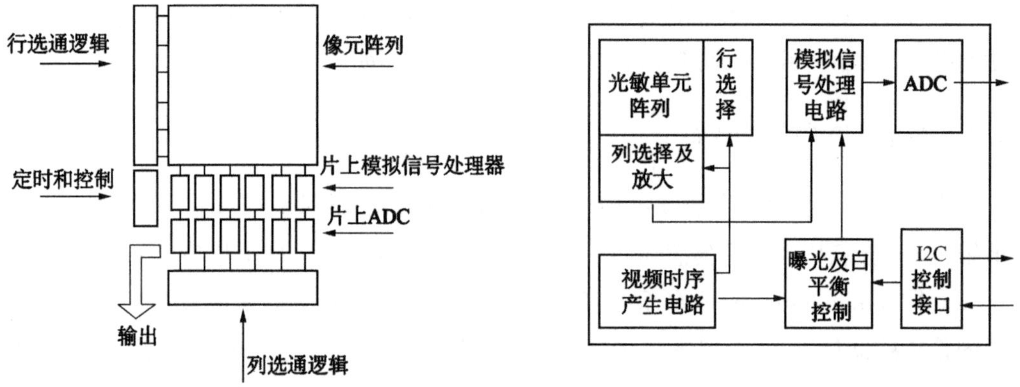

(a) 常用 CMOS 图像传感器组成　　(b) 带有 ADC 的 CMOS 图像传感器组成

图 6.10　CMOS 图像传感器

成像区域是一个二维的像素阵列，每个像素包含一个光电探测器和多个晶体管。这个区域是图像传感器的核心，成像质量很大程度上取决于该区域的性能。寻址电路用于接通一个像素并读取该像素中的信号值，一般由扫描器或者移位寄存器来实现，而译码单元则被用来随机访问像素，这种特性有时对于智能传感器来说非常重要。读出电路由一维开关阵列和采样保持电路组成，如相关双采样降噪电路就在这个区域中。

智能 CMOS 传感器的基本性能如下。

(1) 噪声

在图像传感器中，输出信号在空间上的固有变化对图像质量影响很大，这种类型的噪声称为固定模式噪声，它有规律地变化。例如，列固定模式噪声比随机噪声更容易被感知，0.5%的变化是像素固定模式噪声可以接受的阈值，而对于列固定模式噪声来说，0.1%的变化是可以接受的阈值。采用列级放大器有时会产生列固定模式噪声。

（2）动态范围

图像传感器的动态范围（DR）被定义为输出信号范围与输入信号范围的比值。DR由本底噪声和满阱容量决定。大部分的传感器几乎具有相同的动态范围（约为70 dB），主要由PD的阱电容量决定。在一些应用中（如汽车），70 dB是不够的，需要超过100 dB的DR。

（3）速度

有源像素传感器（APS）的速度受扩散载流子的限制。一些在衬底中深区域的光生载流子最终达到耗尽区，成为慢输出信号。注意，电子和空穴的扩散长度为数十微米，有时达到上百微米，为了高速成像，需要对其认真处理。这会大大降低PD的光谱响应，特别是在红外区域。为了减轻这种影响，一些结构被用来防止扩散载流子进入PD区域。CR时间常数是限制速度的另一个因素，因为智能CMOS图像传感器中垂直输出线很长，导致相关电阻和寄生电容较大。

（4）色彩

在传统的CMOS图像传感器中，识别色彩的方法有三种，如图6.11所示。

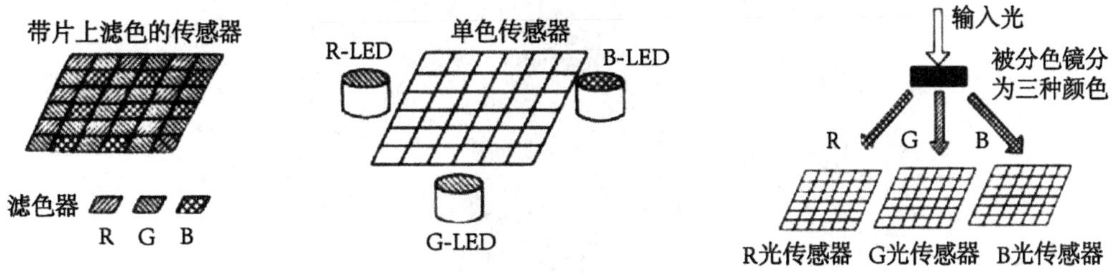

(a) 片上滤色器型　　(b) 三成像型　　(c) 三光源型

图6.11　传统CMOS图像传感器中识别色彩的方法

① 片上滤色器型。三色的过滤器被直接放置在像素上，通常为红色（R）、绿色（G）和蓝色（B），或者蓝绿色（Cy）、品红色（Mg）、黄色（Ye）和绿色的CMY互补色过滤器。CMY与RGB之间的关系如下（W代表白色）：

$$\begin{cases} \mathrm{Ye}=W-B=R+G \\ \mathrm{Mg}=W-G=R+B \\ \mathrm{Cy}=W-R=B+G \end{cases} \tag{6.2}$$

Bayer模式常用来放置3个RGB过滤器。这种类型的片上过滤器广泛用于商用CMOS图像传感器。通常该滤色器是有机膜，但有时也用到无机彩色薄膜，控制α-Si的厚度以产生颜色反应，这有助于减少滤色器的厚度，对于间距小于2 μm的小间距像素间的光学串扰是很重要的。

② 三成像型。在三成像方法中，3个无滤色器的CMOS图像传感器被用于R、G和B颜色。使用两片分色镜将输入光分成3种颜色，这种结构实现了增强色的保真，但需要复杂

的光学系统且非常昂贵，通常用于需要高品质图像的系统中。

③ 三光源型。三光源方法使用人工 RGB 光源，每个 RGB 光源对目标进行顺序照明。一个传感器获取三种颜色的三幅图像，最终的图像需要三幅图像的结合。这种方法主要用于医疗内窥镜。其颜色保真度非常好，但获得整个图像的时间比另两种方法都要长，这种类型的颜色表示不适用于常规 CMOS 图像传感器，因为它通常有一个滚动快门。

6.3 液压驱动器

液压驱动系统（如图 6.12 所示）是一种成熟的技术，具有动力大、力（或力矩）与惯量比大、快速响应高、易于实现直接驱动等特点，适用于承载能力大、惯量大以及在防爆环境中工作的机器人。

图 6.12　机器人的液压驱动

由于液压系统存在不可避免的泄漏问题，且动力装置笨重且昂贵，目前这类系统已不再常用。现在大部分机器人是电动的，当然仍有许多工业机器人带有液压驱动器。此外，对一些在民用和军用服务中需要巨型机器人的特殊应用场合，液压驱动器仍可能是合适的选择。

液压驱动器和电气驱动器的一个重要区别是，液压泵（不是驱动器）的尺寸可按平均负载来设计，而电气驱动器的尺寸是按最大负载来设计的。这是因为液压系统利用压缩机来储存泵的恒定能量，当需要时可带动较大的负载。因此，如果运动中出现停顿，压缩机就储存必要的能量用于带动最大的负载。另一个重要考虑是，电气驱动器一般必须安装在关节上或靠近关节的地方，以提高机器人的质量和惯量。然而，在液压系统中，只有驱动器、控制阀和压缩机靠近关节，液压动力装置可以放置在较远的地方，以减少机器人的质量和惯量，尤其是当存在许多关节时这个优点更为突出。

直线液压驱动器能输出巨大的力，其大小 $F = p \cdot A(lb)$，其中，A 代表活塞的有效面积，p 为工作压强。对旋转液压驱动器，其原理是相同的，只是输出的是力矩：

$$dA = t\,dr \tag{6.3}$$

$$T = \int_{r_1}^{r_2} p \cdot r \cdot dA = T\int_{r_1}^{r_2} p \cdot r \cdot t \cdot dr = pt\int_{r_1}^{r_2} r \cdot dr = \frac{1}{2}pt(r_2^2 - r_1^2) \tag{6.4}$$

其中，p 是液体压强；t 是旋转液压驱动器的厚度和宽度；r_1 和 r_2 分别是旋转液压驱动器的内径和外径(见图 6.13，该驱动器可直接安装在旋转关节上而无须齿轮减速)。

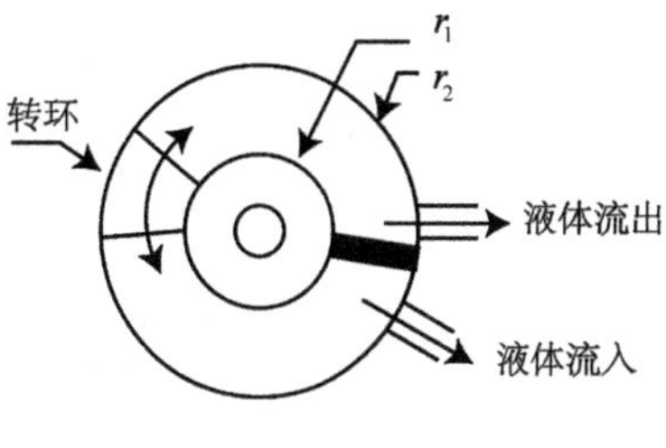

图 6.13 旋转液压驱动器

在液压系统中所需液体的体积和流量为：

$$dV_l = \frac{\pi d^2}{4}dx \tag{6.5}$$

$$Q = \frac{dV_l}{dt} = \frac{\pi d^2}{4}\frac{dx}{dt} = \frac{\pi d^2}{4}\dot{x} \tag{6.6}$$

其中，dx 表示期望的位移；$\dot{x}$ 是期望的活塞速度。显然，通过控制流入液压驱动器的液体体积，就可以控制总位移。通过控制液体的流量，就可以控制活塞的速度。伺服阀可用来控制液体的体积和流量，后面将会具体讨论伺服阀。

液压系统通常由下面几部分组成：

① 直线或旋转液压驱动器：可用于产生所需的驱动关节的力和力矩，并由伺服阀或手动阀来进行控制。

② 液压泵：给系统提供高压液体。

③ 电机(或运动装置上的发动机)：用于驱动液压泵。

④ 冷却系统：用于系统散热。在有些系统中，除了冷却风扇外，还使用散热器和冷气。

⑤ 储液箱：存储系统所用的液体。无论系统是否在使用，液压泵均必须不断地给它提供压力，所有额外的高压液和液缸的回流液都流回储液箱。

⑥ 压缩机：用于储存最大负载时所需的一些能量，尤其是当液压泵是按平均负载设计时更有此需要。

⑦ 伺服阀：非常灵敏，控制着流向活塞的液量和流速。伺服阀通常由液压伺服电机驱动。

⑧ 检验阀：用于安全和控制最大压强。

⑨ 固紧阀：用于当系统断开或失去动力时，防止驱动器产生运动。固紧阀起到了制动闸的作用，以防当失去动力或系统关机时出现的突然运动。

⑩ 连接管路：用于将压缩液体输送至液压缸和流回至储液箱。

⑪ 过滤系统：用于维持液体的质量和纯度。液体中的湿气，由于它的自然特性，必然会对液压驱动器产生损坏作用，因此必须将它从液体中分离出来。

⑫ 传感器：用于控制液压缸运动的反馈，包括位置、速度、电磁、接触及其他种类的传

感器。此外，还包括用于安全的其他传感器。例如，一旦伺服阀不在，液压泵就不能开启。否则，危险的高压液体将从端口喷出。

图 6.14 为典型的液压系统示意图。

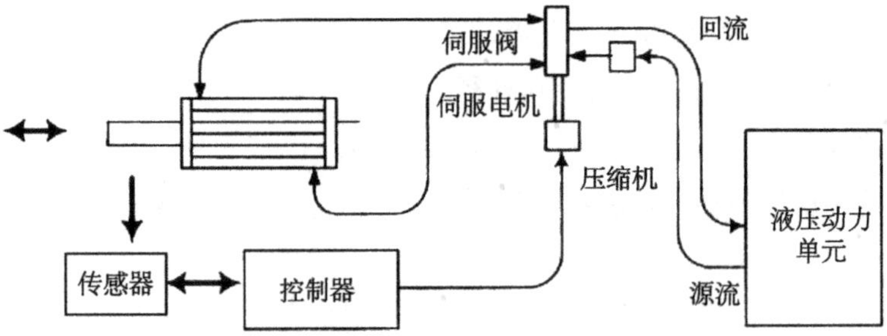

图 6.14　液压系统及其组成部件示意图

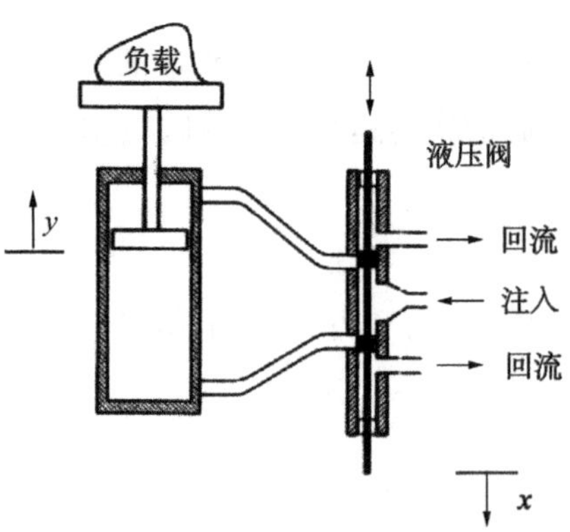

图 6.15　柱阀在中间位置的示意图

图 6.15 所示是液压缸控制操纵阀(也称为柱阀)的示意图。它是平衡阀，即两边的压强相等，即使它两边压强很高，也只需很小的力(用于克服摩擦)就可以使滑柱运动。可以通过手动来操作柱阀，或者也可以通过伺服电机进行操作。通过伺服电机进行操作的柱阀称为伺服阀。伺服阀和液压缸共同构成液压驱动器，当滑柱上下运动时，就打开了注液口和回液口，液体通过注液口注入液压缸，或通过回液口流回储液箱。根据阀门开度大小可对注入液体的流速进行控制，同时也就控制了活塞的速度。依据阀门打开的时间，可以控制注入液压缸的总液量，亦即活塞的总位移。它们之间的关系可用公式表示为：

$$q = Cx \tag{6.7}$$

和

$$q(\mathrm{d}t) = \mathrm{d}(V_l) = A(\mathrm{d}y) \tag{6.8}$$

其中，q 是流速；C 为常速；x 代表滑柱的位移；A 为活塞的面积；y 为活塞的位移。结合式(6.7)和式(6.8)，并记$\frac{\mathrm{d}}{\mathrm{d}t}$为 D，则有

$$Cx(\mathrm{d}t) = A(\mathrm{d}y)$$

和

$$y = \frac{C}{AD}x \tag{6.9}$$

上式表明液压伺服电机是一个积分器。

柱阀由伺服电机控制，伺服电机的控制指令来自控制器，控制器设定控制伺服电机的电流大小和电流的持续时间，以达到控制滑柱位置的目的。于是，对机器人来说，当控制器计算出关节的运动量和运动速度时，就会设定伺服电机的控制电流和电流持续时间，这两个量控制柱阀的位置和运动速度，也就控制了液流及注入液压缸的流速，进而由液压缸来驱动关节。传感器向控制器提供反馈信息以实现精确和连续的控制。图 6.16 给出了当柱阀向上或向下移动时液体的流向，可以看出，只要柱阀简单移动一下即可控制活塞的运动。

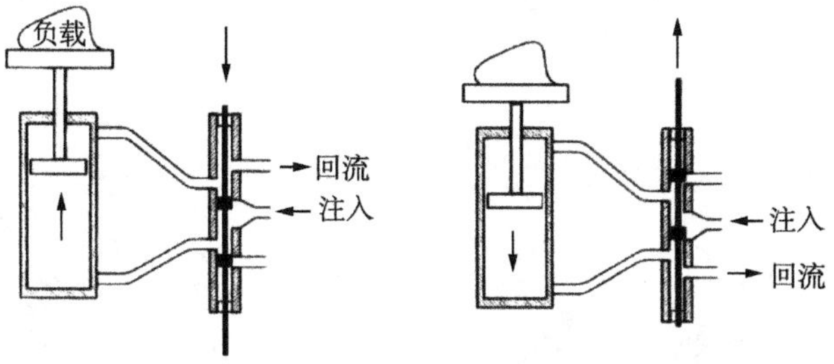

图 6.16　柱阀在打开位置的示意图

为给伺服阀提供反馈，可在阀上增加电子或机械反馈。图 6.17 给出了一个简单的机械反馈回路。在二级柱阀中采用了类似的设计来提供反馈。从图 6.17 中可以看出，为给系统提供误差信号，在输出和输入之间增加了一个简单的杠杆。当负载的位置由杠杆设定后(杠杆向上运动将导致负载向下运动)，柱阀打开，它将控制活塞运动。实际上杠杆给系统提供了误差信号，于是系统通过移动活塞做出响应。误差信号被积分器(在这种情况下就是活塞)积分，当误差达到 0 时，控制信号也随之为 0。随着活塞向期望的方向运动(对本例就是向下)，误差信号逐渐变小，进而通过逐渐关闭柱阀减小输出信号。当负载到达期望位置时，柱阀关闭，负载停止运动。该反馈回路的方框图如图 6.18 所示。事实上，这里在伺服阀中集成了该图所示的反馈机构。

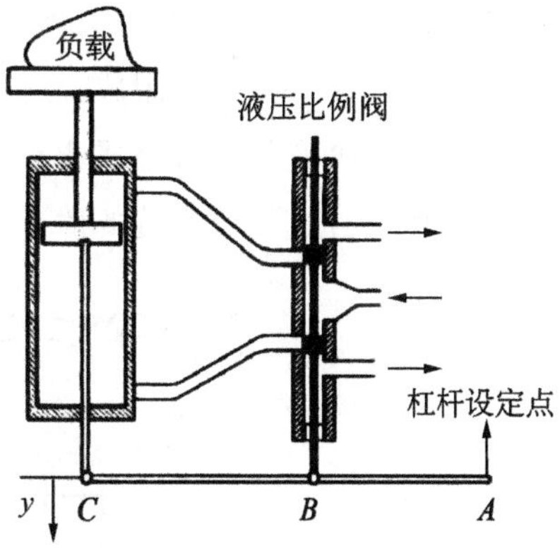

图 6.17　具有比例反馈的简单控制装置示意图

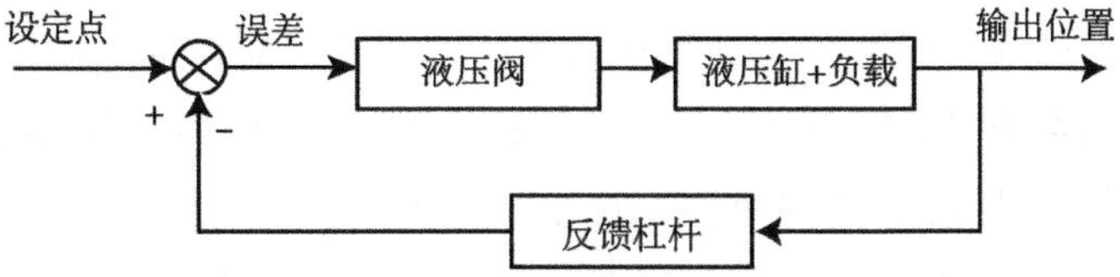

图 6.18　具有比例反馈控制的液压系统方框图

从图 6.18 可以看出，在液压阀尤其是在带反馈控制的伺服阀中，有许多错综复杂的小旁路，这就是液压系统对杂质或黏度敏感的原因，而黏度随温度会变化。哪怕极小的外部杂质都会限制旁路或影响伺服阀。同样，当液体变稀或变黏稠时，黏度会影响阀的响应快慢。为理解阀的构造，假设将阀切成薄片，每层都有相应的旁路通道和开口，可以用不同的方法，如冲压来制造这些薄片，然后把它们组装在一起，变成一个零件（在一定压力和温度下），也可用螺栓将它们从头至尾连成一个零件。这种方法在工业上广泛用于制造阀和许多其他产品（如照相机的机身等）。图 6.19 展示了该技术的一个简单示例，当这些薄片叠在一起时，就得到了三维物体。许多快速原型机就是利用这样的技术来产生产品的三维原型的。

(a) 阀切片图　　(b) 阀切片组装图

图 6.19　液压阀快速成型原理图

液压驱动还可采用其他设计方案，例如 IBM7565 机器人制造系统由台架式 6 轴液压机器人组成，它的 3 个线性关节均分别由直线液压电机驱动，如图 6.20 所示。每个直线电机由一组共 4 个小液压缸组成，它们沿波浪式驱动表面按一定次序缩进或伸出。对活塞施加作用力就可使它处于波浪式驱动表面的期望位置，并带动机架向边路运动。这 4 个活塞由单个伺服阀控制。该系统的优点是只要增加波浪式的表面，就可以得到想要的驱动。

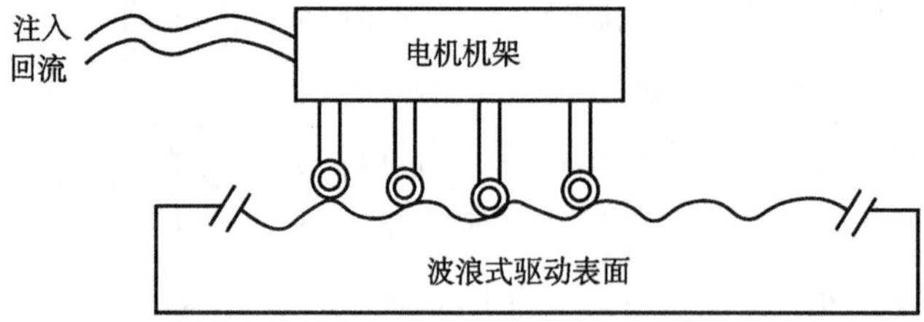

图 6.20　IBM7565 直线液压电机

另一种最近发展起来的液压驱动器仿造了生物肌肉。肌肉通过收缩变短就可驱动骨架。类似的设计用在液压系统中，其中椭圆形球胆放置在抗剪护套中，如图 6.21 所示。当球胆中的压力增大时就变圆，使抗剪护套膨胀并变短，其功能就像肌肉一样。该设计具有光明的前景，但由于系统的固有非线性，以及技术上的难度，该项技术还有待实用化。然而，由于它看上去很像生物肌肉，因而它在类人机器人中具有很高的应用价值。

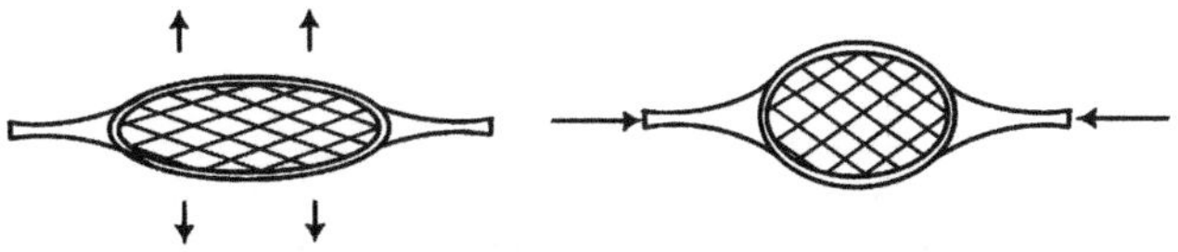

图 6.21　肌肉型液压驱动器示意图

6.4　气动装置

气动装置以压缩空气为动力源，通过撞击作用或转动作用产生空气压力驱动机械运动或做功，完成伸缩或旋转动作。因为利用了空气具有压缩性的特点，吸入空气压缩储存，空气便像弹簧一样具有了弹力，之后用控制元件控制其方向，带动执行元件的旋转与伸缩。从大气中吸入多少空气就会排出多少到大气中，不会产生任何化学反应，也不会消耗污染空气，另外气体的黏性较液体要小，所以流动速度快，也很环保。

气动装置的优点如下：

(1) 其以空气为工作介质，容易取得，使用后的空气排到大气之中，方便处理，与液压传动相比不必设置回油装置。

(2) 空气的黏度很小，流动过程中能量损失也很小，该装置节能、高效，适用于集中供应和远距离输送。

(3) 与液压传动相比，气动动作反应快，维护简单，工作介质清洁，不存在介质变质及补充等问题。

(4) 工作环境适应性好，特别适合在易燃、易爆、多尘埃、强磁、强辐射、振动等恶劣条件下工作，外泄漏不污染环境，在食品、轻工、纺织、印刷、精密检测等环境中采用最为适宜。

(5) 成本低，过载能自动保护。

气动系统的主要缺点如下：

(1) 空气是可压缩的，在负载作用下会压缩变形。因此，气动装置通常仅用于插入操作，在那里驱动器完全向前或者完全后退，气动装置也用在全开或全关的 1/2 自由度关节上。否则，要控制汽缸的精确位置非常困难。

(2) 工作压力低（一般 0.3～1 MPa），结构尺寸不宜过大，总输出力不宜大于 10～40 kN。

(3) 噪声较大，在高速排气时要加消声器。

(4) 气动装置中的气动信号传递速度比电信号及光速慢，因此，气动信号传递不适用高速复杂的回路。

(5) 因空气本身无润滑性能，故在气路中应设置给油润滑装置。

6.5 电动机

当把带电的导线放入磁场时将会产生力，力的方向垂直于由磁场和电流方向构成的平面。因此，导线（线圈）的每条边都受力的作用，如图 6.22 示。若导线有一旋转中心点，那么产生的转矩将使它绕该旋转中心旋转。改变磁场或电流的方向可使它绕旋转中心连续旋转。只要持续这个改变，线圈就将持续旋转。在实际应用中，为了改变电流方向，在直流电机中采用了换向器和电刷或者采用滑环，在无刷直流电机中则采用电子换向，而交流电机使用的是交流电，这时磁场是不变的，而只是切换线圈中的电流。这就是电动机的基本原理。如果导体在磁场中做切割磁力线运动，则在导体中就会像发电机一样感应产生电流，称为反电动势。

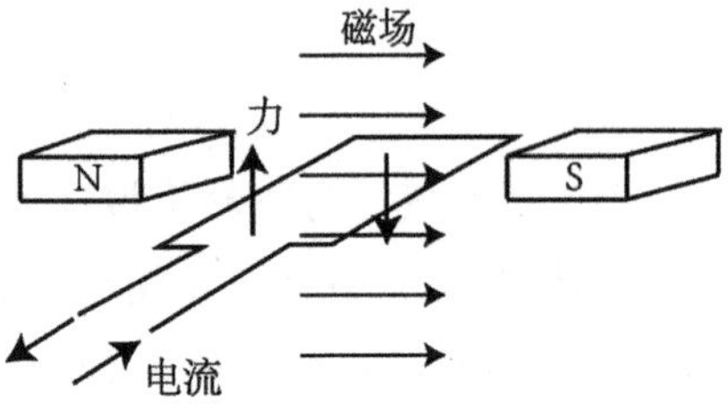

图 6.22　电动机原理图

在机器人中使用的电机是多种多样的，包括交流感应电机、交流同步电机、直流有刷电机、直流无刷电机、步进电机、直接驱动直流电机、开关磁阻电机、交/直流通用电机及三相交流电机和盘状电机等类型的电机。虽然我们讨论关于电机的许多问题，但读者已在其他课程中学过不同类型的电机及其工作原理。所以这里讨论的篇幅将很小，仅包括和机器人驱动直接相关的部分。关于电机及其驱动电路的更多细节可参考其他资料。

除了步进电机，其他类型的电机都可以作为后面将会讨论的伺服电机使用。在每种电机中，电机的输出力矩或功率都是磁场强度、绕组中的电流及线圈导体长度的函数。有些电机带有永磁体，它们发热较少，原因是一直存在磁场，不需要靠电流来建立。其他类型的直流电机带有软铁芯和线圈，靠电流来产生磁场，这类电机会产生较多的热量。但它们的优点是：如有必要可以通过调节电流来改变磁场强度，而在永磁电机中场强是恒定的。此外，在某些情况下，永久磁体有可能会因损伤而失磁，从而导致电机无法工作。

6.5.1 直流电机

直流电机由于运行可靠、结构坚固、功率相对较大，在工业上应用很普遍，并且应用的时间也很长。在直流电机中，定子由一组产生固定磁场的永磁体组成，而转子中通有电流。通过电刷和换向器，持续不断地改变电流方向，使转子持续旋转。相反，如果转子在磁场中旋转，则将产生直流电，电机将充当发电机（输出是直流，但并不恒定）。图 6.23 所示为一种直流电机。直流电机电枢电路如图 6.24 所示。

图 6.23　一种直流电机

如果用永磁体产生磁场，则输出力矩 T 与磁通量 ϕ 和转子绕组中的电流 i 成正比，于是：

$$T=\alpha \cdot \phi \cdot i=k_t \cdot i \tag{6.10}$$

其中，k_t 称为力矩常数。因为在永磁体中磁通量是常数，所以输出力矩就变成了 i 的函数，要控制输出力矩的大小，就必须改变电流 i（或相应的电压）。如果在定子中用带绕组的软铁芯代替永磁体，那么输出力矩就是转子绕组电流和定子绕组电流两者的函数：

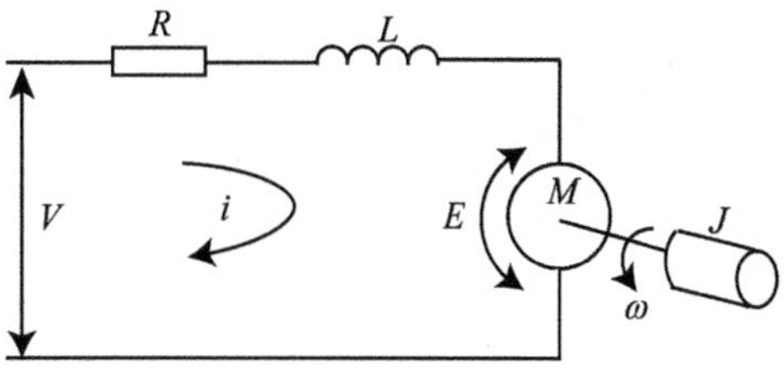

图 6.24　直流电机电枢电路的原理图

$$T=k_t k_f i_{\text{rotor}} i_{\text{stator}} \tag{6.11}$$

其中，k_t 和 k_f 均为常数。假如在能量转换过程中没有能量损失，那么总的能量输入就应该等于能量输出，因而有：

$$P=T \cdot \omega=E \cdot i \Rightarrow E=\frac{T \cdot \omega}{i}=k_t \cdot \omega \tag{6.12}$$

该式表示电压 E 正比于电机的角速度 ω。这个电压称为电机的反电动势，它是由绕组切割磁场产生的，所以这个电压跨越在电机两端。因此，电机的反电动势随转子速度的增加而增加。由于实际上转子绕组既有电阻又有电感，因此可以写出下面的方程：

$$V=Ri+L\frac{\mathrm{d}i}{\mathrm{d}t}+E \tag{6.13}$$

整理式(6.13)，可得：

$$\frac{k_t}{R}V=T+\frac{L}{R}\frac{\mathrm{d}T}{\mathrm{d}t}+\frac{k_t^2}{R}\omega \tag{6.14}$$

L/R 称为电机的电抗，一般较小。这时为了简化分析，可以忽略上式的微分项，因此可得：

$$T=\frac{k_t}{R}V-\frac{k_t^2}{R}\omega \tag{6.15}$$

式(6.15)说明，当输入电压增加时，电机的输出力矩也随之增加。同时，当角速度增加时，由于产生反电动势使力矩减小。因此，当 $\omega=0$ 时，力矩最大（电机堵转情况），当 ω 达到它的标称最大值时，$T=0$，这时电机不产生任何有用的力矩。

通过以上分析可知：当电机的角速度为 0（堵转情况）或力矩为 0（最大角速度情况）时，电机的输出功率均为 0。它们之间的关系如图 6.25 所示。

通过使用稀土材料和类似钕合金制成的高强永磁体，可以显著提高电机的性能。因

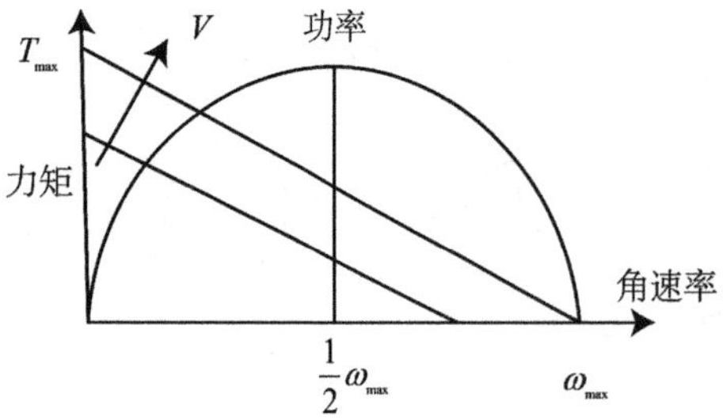

图 6.25　电机的输出力矩和功率与角速度的关系

此，目前电机的功率-重量比明显优于以前。直流电机已取代了大多数其他类型的驱动器。

为了克服多数直流电机的惯量大、尺寸大的问题，可以使用盘式或空心杯电机，在盘式和空心杯电机中，取消了转子绕组的铁芯以减轻转子重量和惯量，因此这些电机能够产生很大的加速度，在 1 ms 内能从 0 加速到 2 000 r/min。对控制来说，它们对变化电流的响应性能非常优越。对于一个空心杯电机，其中的空心转子没有软铁。在盘式电机中，转子是一块平而薄的金属板，在上面压(刻蚀)有绕组，好像将转子压扁变成圆盘。永磁体一般为小而短的圆柱状磁铁，安放在圆盘的两边。因此，盘式电机很薄，可用于空间和加速度要求均很重要的场合(如图 6.26 所示)。

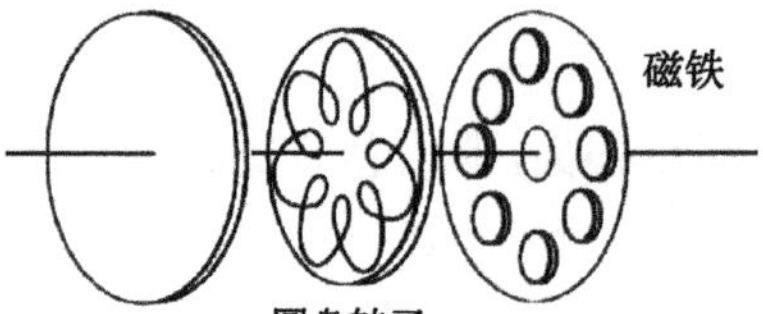

图 6.26　盘式电机的示意图

6.5.2　交流电机

交流电机除了转子是永磁体，定子内有绕组且取消了所有换向器和电刷外，其他均和直流电机相似。能够取消换向器和电刷的原因是交变磁通由交流电流提供，而不必通过换向器。当由交流电流产生的磁通转动时，转子随之旋转。因此，交流电机有固定的额定转速，它是转子极数和电源频率的函数。由于交流电机比直流电机更容易散热，它们的功率可以很大。反电动势的原理同样适合交流电机。

我们可以利用功率电子学的方法，如通过磁通矢量控制来产生期望频率和幅值的正弦电流，也可以控制交流电机的速度和力矩。它将交流电压转换成直流的形式，按期望的频率和幅值产生近似的脉冲直流电流，再用它来驱动电机，从而实现对交流电机速度和力矩的控制。步进电机(微量步进驱动模式)和无刷直流电机类似于交流电机的运行模式。此外，也有可以反转的交流电机。这类电机绕组采用中心抽头的形式，因此当电流流经绕组的一半时，磁通的方向也就改变了，结果也使转子的旋转方向发生改变(如图 6.27 所示)。然而，由于电流只流经绕组的一半，所以产生的力矩也只有一半大。

图 6.27　中心抽头的交流电机绕组

6.5.3　交流型和直流型电机的区别

交流型和直流型电机之间存在一些基本区别，这些区别决定了它们的功率范围、控制和应用的不同。下面将讨论这些区别及其影响。

1）速度控制

交流型和直流型电机之间的主要区别在于能否控制速度，这一点将在后面介绍伺服电机时详细说明。现简要阐述如下：通过改变直流电机线圈绕组中的电流，就能控制电机转子的速度，当电流增加或减小时，在转子上的负载相同的情况下，它的速度也随之增加或减小；然而，交流电机的速度是供电的交流电源频率的函数。由于交流电源频率是不变的，因此交流电机的速度一般也是不变的。

2）电刷与寿命

无刷直流电机、交流电机及步进电机都是无刷的，因而结构坚固，一般说来寿命较长（仅受限于由于转子磨损导致的寿命限制）。有刷直流电机由于电刷的磨损限制了寿命，因而它们需要更多的维护。

3）散热与设计

和其他设备一样，电机的发热是其尺寸和功率的最终决定因素。热主要由电流（和负载有关）流过绕组的电阻产生，但还包括由铁耗、摩擦损耗、电刷损耗及短路电流损耗（和速度有关）等所产生的热量，其中铁耗包括涡流损耗和磁滞损耗。热是电流的函数，导线越粗发热越少，但成本也越高，线圈也越重（惯性更大），且需要更大的安装空间。所有电机都会发热，重要的是电机的散热速率，因此必须为电机留有散热的途径。散热途径比发热总量更为重要，因为如果散热快，就可以在损坏发生之前散去更多的热量。

图6.28给出了交流电机和直流电机的散热途径。在直流电机中，转子上有绕组并有电流流过，于是在转子中会产生热。这些热必须从转子通过气隙、永久磁体及电机机体向周围环境散失（也可以从轴到轴承，再散失掉）。空气是很好的绝缘体，因而直流电机的总热传导系数相当低。在交流型的电机中，转子是永久磁体，绕组在定子上。在定子中产生的热量通过电机机体传导再散失到空气中。交流电机由于在热的传送途径中没有气隙的存在，因而它总的热传递系数比较高，交流电机可以承受相当大的电流而不损坏，因而在相同尺寸下功率较大。步进电机虽然不是交流电机，但有相似的结构，转子为永磁体，定子中有绕组，所以步进电机也有很好的散热性能。

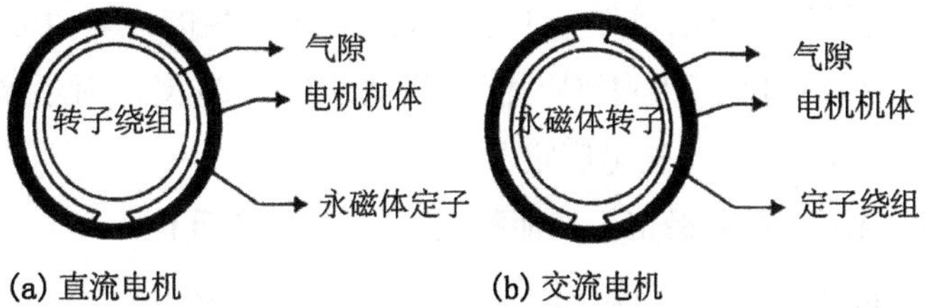

图6.28 电机的散热途径

过热可能是电机失效的最普遍的原因，它将导致以下问题：

(1) 绕组绝缘的失效，导致短路或烧坏。

(2) 轴承失效，结果造成转子轴塞住。

(3) 磁体退化，永久性地减少了转子的力矩。

电机中热的产生不是线性的，它随以下因素改变：

(1) 绕组中产生的基本热。

(2) 绕组电阻随绕组发热而增加，从而进一步增加绕组产生的热。

(3) 磁通强度受热的影响而减少，产生的力矩就减少，从而需要更大的电流。

(4) 散热随温度上升而增加。

因此，电机可能在一个可接受的温度达到平衡。然而，也可能存在温度不断升高而导致电机失效的危险。电机中产生的热为：

$$P_{\text{electric}} = i^2 R = \frac{T^2}{k_t^2} R_t \tag{6.16}$$

其中，i 是绕组电流；R 和 R_t 是绕组的标称电阻和在温度 t 时的电阻；T 是力矩；k_t 是温度 t 时的力矩常数，它是磁场、绕组匝数、气隙的有效面积、转子半径和材料特性的函数。绕组电阻的变化可以表示为：

$$R_t = R_{\text{ref}} [1 + (t_{\text{winding}} - t_{\text{ref}}) \cdot \alpha] \tag{6.17}$$

其中，R_t 和 R_{ref} 是当温度为感兴趣的绕组温度 t_{winding} 和室温 t_{ref} 时的力矩常数；α 是材料常数，如 $\alpha_{\text{copper}} = 0.003\,93\ \text{K}^{-1}$。代表电机磁场的力矩常数随温度的变化可表示为：

$$k_t = k_{\text{ref}} [1 + (t_{\text{winding}} - t_{\text{ref}}) \cdot \beta] \tag{6.18}$$

这里，k_t 和 k_{ref} 是当温度为感兴趣的绕组温度 t_{winding} 和参考温度 t_{ref}(20℃)时的力矩常数，β 表示磁通密度的衰减，它取决于材料的性质。由于这个衰减产生负面的影响，因此磁通随温度的增加而减少。电机最终温度的简化模型可以写为：

$$t_{\text{motor}} = (P_{\text{electric}} + P_{\text{friction}}) R_{\text{thermal}} + t_{\text{ref}} \tag{6.19}$$

其中，R_{thermal} 是电机与环境之间的热阻。通过上面这些方程，可以估计出电机的最终温度，并能看出电机是否处于平衡状态。

例 6.1 已知电机的参考电阻为 8 Ω，它在额定速度产生的力矩为 1.2 N · m，参考力矩常数是 0.5 N · m/A，热阻是 1.05 K/W，假定环境温度为 20 ℃。对于该电机所用材料，磁通密度的衰减 $\beta = -0.02\ \text{K}^{-1}$，这里假定可以忽略摩擦。

(1) 求电机的温度是否能稳定。如能稳定，求收敛的温度值。

(2) 假设由于散热的改进(例如用了新的风扇)，热阻减少到 1.02 K/W，重复上面的问题。

解：

(1) 将给定的值代入公式，可以求得如下基于初始电阻的功率：

$$P_{\text{electric}}=\frac{T^2}{k_t^2}R_t=\frac{1.2^2}{0.5^2}\times 8=46(\text{W})$$

和

$$t_{\text{motor}}=(P_{\text{electric}}+P_{\text{friction}})R_{\text{thermal}}+t_{\text{ref}}=(46+0)(1.05)+20=68(℃)$$

在这个温度下，电阻和力矩常数都要改变，根据上面给出的方程可得：

$$R_t=R_{\text{ref}}[1+(t_{\text{winding}}-t_{\text{ref}})\cdot\alpha]=8[1+(68-20)(0.00393)]=9.5(\Omega)$$

$$K_t=K_{\text{ref}}[1+(t_{\text{magnet}}-t_{\text{ref}})\cdot\beta]=0.5[1+(68-20)(-0.002)]=0.452(\text{N}\cdot\text{m/A})$$

再将这些数据代入式(6.13)和式(6.16)中，得到新的温度为：

$$P_{\text{electric}}=\frac{1.2^2}{0.452^2}\times 9.5=67(\text{W})$$

$$t_{\text{motor}}=(67+0)\times 1.05+20=90(℃)$$

采用同样的步骤进行的下一次迭代表明，温度将继续上升。在迭代到 20 次时，温度达到 180 ℃，而且不可控地继续升高，说明该电机出现了过热。

(2) 采用新的热阻重复上面的计算，在进行约 30 次迭代后，温度收敛到接近 130 ℃。因此，可以看出，合适的散热是电机的一个主要问题。

上面的讨论清楚地说明，当考虑发热时应该首选交流型和无刷电机，而当需要速度控制或只有直流电源可用时，则应首选直流电机。如能结合两者的长处是最理想的。无刷直流电机和步进电机具有这些特性，它们更加坚固耐用，后面可更详细地看到这一点。

6.5.4　无刷直流电机

无刷直流电机是交流电机和直流电机的混合体，虽然不完全相同，但它们的结构和交流电机很相似，主要差别在于无刷直流电机工作时使用的是开关直流波形，这一点和交流电机相似(正弦或梯形波)，但频率不一定是 50 Hz。因此，无刷直流电机不像交流电机，它可以工作在任意速度，包括很低的速度。为了正确地运转，它需要一个反馈信号来决定何时改变电流方向。实际上，装在转子上的旋转变压器、光学编码器或者霍尔效应传感器，都可向控制器输出信号，由控制器来切换转子中的电流。为了运行平稳、力矩恒定，转子通常有三相，因此用相位差为 120°的三相电流给转子供电。无刷直流电机通常由控制电路控制运行，若直接接在直流电源上，它们不会运转。图 6.29 为一种无刷直流电机。

图 6.29　一种无刷直流电机

6.5.5 伺服电机

对于所有电动机来说，需要考虑的一个很重要的问题是反电动势。通有电流的导线在磁场中会产生力，使之运动。如果导线（导体）在磁场中作切割磁力线运动，那么将会产生感应电流，这就是发电的基本原理。然而，这也意味着当电机绕组中的导线在磁场中旋转时，同样也会感应产生一个与输入电流方向相反的电流（或电压），该电压称为反电动势。它将试图削弱电机中的有效电流。电机旋转得越快，反电动势越大，反电动势通常表示为转子转速的函数。k_t 一般用每 1 000 r/min 所产生的电压大小来表示。当电机达到它的额定空载转速时，反电动势将大到使电机的转速以相应的有效电流稳定在额定空载转速。然而，在此额定转速下，电机的输出力矩为零。电机的电压由 $T=\frac{k_t}{R}V-\frac{k_t^2}{R}\omega$ 决定。

当 ω 最大时，输出力矩为零。对于恒定的输入电压，若给电动机加载，电机将减速，导致反电动势变小，电枢电流变大，相应产生正的净输出力矩。负荷越大，电机的转速越低，以产生更大的力矩。如果负荷越来越大，就会产生堵转，反电动势消失，电枢电流达到最大值，力矩也达到最大值。遗憾的是，当反电动势较小时，尽管输出力矩较大，但由于有效电流变大，产生的热也就越多。在堵转或接近堵转的条件下，产生的热可能大得足以烧坏电机。

为了增加电机的力矩而仍维持期望的速度，必须给转子、定子或同时给两者（如采用软铁磁体）增大电压（或电流）。在这样的情况下，虽然电机的转速不变且反电动势也不变，增大的电压将使有效电流增加，因而力矩也增加。通过改变电压（或相应的电流），可以按照要求维持转速力矩的平衡，这个系统就称为伺服电机。

伺服电机是带有反馈的直流电机、交流电机、无刷电机或者步进电机，通过对它们进行控制可以按期望的转速和力矩运动到达期望的转角。为此，反馈装置需向伺服电机控制器电路发送电机的角度和速度信号。如果负荷增大，则转速就比期望转速低，电压（或电流）就会增加直到转速和期望值相等。如果信号显示速度比期望值高，电压就会相应地减小。如果使用了位置反馈，那么该位置信号可用于在转子到达期望的角位置时关断电机。

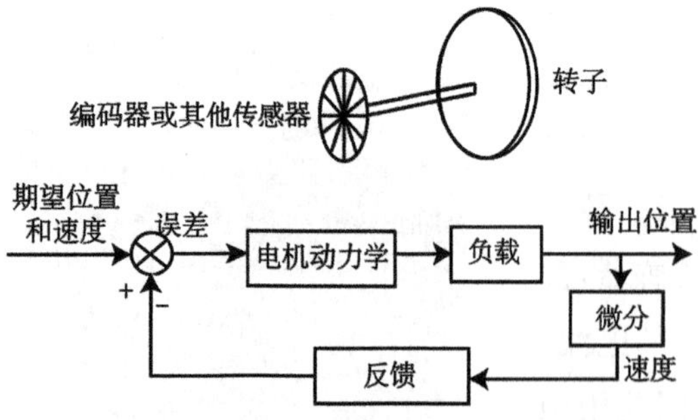

图 6.30 伺服电机控制器原理图

为实现伺服电机的控制，可以使用多种不同类型的传感器，包括编码器、旋转变压器、电位器和转速计等。如果采用了位置传感器（如电位器和编码器），对输出信号微分就可以得到速度信号。图 6.30 是伺服电机的一般控制框图。

6.5.6　步进电机

步进电机是通用、耐久和简单的电动机，可应用在许多场合。在大多数应用场合，使用步进电机时不需要反馈。这是因为除非发生失步，否则步进电机每次转动时步进的角度是已知的，由于它的角度位置始终可知，因此也就没有必要反馈。步进电机有不同的形式和工作原理，每种类型都有一些独有的特征，适合于不同的应用。大多数步进电机可通过不同的连接方式用于不同的工作模式。

和通常的直流电机或交流电机不一样（但和无刷直流电机相似），如果将步进电机直接接通电源，它不会旋转。只有通过不同的绕组使磁场旋转时，步进电机才会旋转。事实上，电机不转时产生的力矩最大。即使没有通电，步进电机也有一个残留力矩，又称为定位力矩。即使没有通电，要转动步进电机也需要额外的力矩。因此，所有的步进电机都需要微处理器或驱动器/控制器（脉冲分配器）电路才能使其转动。既可以自行设计驱动器，也可以购买称为脉冲分配器的装置来驱动步进电机。和伺服电机需要反馈电路一样，步进电机需要驱动电路。因此，在实际应用时设计者需要确定哪种电机更合适。除了在小型桌面机器人中使用外，步进电机很少用于工业机器人驱动。步进电机广泛用于非工业机器人和机器人装置中，以及其他与机器人协同工作的装置中，这些装置包括加工机械及周边设备，自动制造设备及控制设备。

1. 步进电机的结构

通常步进电机有软磁体或永磁体转子，而定子上有多个绕组。由于线圈中产生的热量很容易从电机机体散失，所以步进电机很少受到热损坏的影响，并且因为没有电刷或换向器，所以寿命长。

不是所有步进电机的转子都一样。转子跟随由线圈产生的运动磁场转动，其工作原理类似交流电机及无刷直流电机，转子在控制器或驱动器的控制下跟随运动的磁通转动。

2. 工作原理

通常有3种类型的步进电机：变磁阻步进电机、永磁体（也称罐状）步进电机和混合型步进电机。变磁阻步进电机采用软磁体和具有锯齿形的转子，永磁体（罐状）步进电机采用不具锯齿形的永磁体转子，混合型步进电机采用永磁体但具锯齿形的转子。这些简单差别使得它们的工作原理也有所不同。

假设步进电机的定子上有两组线圈，一个永久磁铁作为转子，如图6.36所示。当给定子线圈通电时，永磁转子（或磁阻式步进电机中的软铁芯转子）将旋转到与定子磁场一致的方向，如图6.31(a)。除非磁场旋转，否则转子就停留在该位置。切断当前线圈中的电流，对下组线圈通电，转子将再次转至和新磁场方向一致的方向，见图6.31(b)。每次旋转的角度都等于步距角，步距角可以从180°至几分（本例是90°）。接着，当第二组线圈被切断时，第一组线圈再一次接通，但是极性相反，这将使转子沿同样的方向又转了一步。当一组线圈被关断、另一组就接通的过程不断持续时，经过 4 步就使转子转回到原来的初始位置。

现在假设在第一步结束时，不是切断第一组线圈并接通第二组线圈，而是两组线圈的电源都接通。此时，转子将仅旋转 45°，以使得和最小磁阻方向一致，如图 6.36(c)所示。此后，如果第一组线圈的电源关断，而第二组线圈的电源继续保持接通状态，转子将再次转过 45°。这叫做半步运行，包括了 8 拍运动序列。

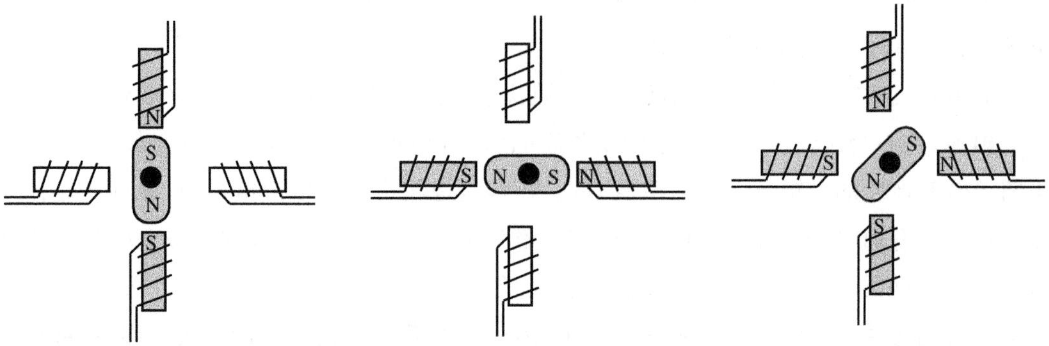

(a) 转子与定子磁铁方向一致　(b) 转子再次与定子磁铁方向一致　(c) 转子旋转 45°

图 6.31　步进电机工作的基本原理

当然，开关次序反过来，转子就以相反的方向旋转。整步运行时，大多数工业步进电机的步距角在 1.8°～7.5°。显然，为了减小步距，可增加极数，然而极数有物理上的限制。为了进一步增加每转的步数，在转子和定子上加工数量不同的齿，就产生和卡尺相似的效果。例如，在转子上加工 50 个齿，在定子上加工 40 个齿将产生 1.8°的步距角，即每转步进 200 步。

6.6 驱动系统特点比较

各个驱动器的优缺点汇总见表 6.3。

表 6.3　驱动器特性的汇总

液压	电气	气动
适用于大型机器人和大负载	适用于所有尺寸的机器人	许多元件是现成的
最高的功率重量比	控制性能好，适合于高精度机器人	元件可靠
系统刚性好，精度高，响应快	与液压系统相比，有较高的柔性	无泄漏，无火花
无须减速齿轮	使用减速齿轮降低了电机轴上的惯量	价格低，系统简单
能在大的速度范围内工作	不会泄漏，适用于洁净的场合	与液压系统相比，压力低
可以无损坏地停在一个位置	可靠，维护简单	适合开关控制以及拾取和放置

（续表）

液压	电气	气动
会泄漏，不适合在要求洁净的场合使用	可做到无火花，适用于防爆环境	柔性系统
需要泵、储液箱、电机、液管等	刚度低	系统噪声较大
价格昂贵，有噪声，需要维护	需要减速齿轮，增大了间隙、成本和重量等	需要气压机、过滤器等
液体黏度随温度改变	在不供电时，电机需要刹车装置，否则手臂会掉落	很难控制线性位置
对灰尘及液体中其他杂质敏感	—	在负载作用下会持续变形
柔性低	—	刚度低，响应精度低
高转矩，高压力，驱动器的惯量大	—	比功率最低

6.7 机器人驱动系统选用原则

机器人驱动系统的选用，应根据工业机器人的性能要求、控制功能、运行的功耗、应用环境及作业要求、性价比以及其他因素综合加以考虑。在充分考虑各种驱动系统特点的基础上，在保证工业机器人性能规范、可行性和可靠性的前提下做出决定。一般情况下，各种机器人驱动系统的设计选用原则大致如下：

(1) 控制方式。物料搬运（包括上、下料）、冲压用的有限点位控制的程序控制机器人，低速重负载的可选用液压驱动系统；中等负载的可选用电动驱动系统；轻负载、高速的可选用气动驱动系统。冲压机器人多选用气动驱动系统。在要求控制精度较高的应用场合（如点焊、弧焊等工业机器人），多采用电动伺服驱动系统。重负载的搬运机器人及须防爆的喷涂机器人可采用电液伺服控制。

(2) 作业环境要求。从事喷涂作业的工业机器人，由于工作环境需要防爆，需考虑防爆性能，多采用电液伺服驱动系统和具有本质安全型防爆的交流电动机伺服驱动系统。水下机器人、核工业专用机器人、空间机器人以及在腐蚀性、易燃易爆气体和放射性物质环境下工作的移动机器人，一般采用交流伺服驱动。如要求在洁净环境中使用，则多要求采用直接驱动电动机驱动系统。

(3) 操作运行速度。对于装配机器人，由于要求其具有很高的点位重复精度和较高的运行速度，通常在运行速度相对较低（$\leqslant 4.5\ m/s$）的情况下，可采用 AC、DC 或步进电动机伺服驱动系统。在速度、精度要求均很高的条件下，多采用直接驱动（DD）电动机驱动系统。

在实际项目中选择机器人驱动器时，应结合各驱动器的优缺点以及驱动系统选用。

参 考 文 献

[1] 盛秀婷. 国内工业机器人可靠性研究综述[J]. 电子产品可靠性与环境试验,2017,35(6): 58-61.

[2] 吴锦辉,陶友瑞. 工业机器人定位精度可靠性研究现状综述[J]. 中国机械工程,2020,31(18): 2180-2188.

[3] 张君凯. 工业机器人应用的就业效应: 理论分析与中国经验[D]. 长春: 吉林大学,2023.

[4] 李光雷. 工业机器人双目视觉系统的特征识别与运动学逆解研究[D]. 西安: 西安理工大学,2023.

[5] 蔡自兴,谢斌. 机器人学[M]. 北京: 清华大学出版社,2015.

[6] 蔡自兴,谢斌. 机器人学基础[M]. 3 版. 北京: 机械工业出版社,2021.

[7] Niku S B. 机器人学导论: 分析、系统及应用[M]. 孙富春,等译. 北京: 电子工业出版社,2004.

[8] 董成举,刘文威,李小兵,等. 六轴工业机器人工作空间分析及区域性能研究[J]. 中国测试,2020,46(5): 154-160.

[9] Wang X. Reinforcement learning for high-precision robotic manipulation[D]. Berkeley: University of California, 2023.

[10] Chen Z. Sensor networks for improving industrial robot performance[D]. California: Stanford University, 2022.

[11] Brown R. Modeling and control of flexible manipulator robots for industrial applications[D]. Pittsburgh, PA: Robotics Institute, Carnegie Mellon University, 2021.

[12] Craig J J. Introduction to robotics: Mechanics and control[M]. Cambridge, MA: MIT Press, 2018.

[13] Siciliano B, Khatib O. Springer handbook of robotics[M]. 2nd ed. Berlin: Springer, 2016.

[14] Siciliano B, Khatib O. 机器人学导论[M]. 北京: 清华大学出版社,2020.

[15] Brown R. 柔性操作机器人建模与控制研究[D]. 匹兹堡: 卡内基梅隆大学,2021.

[16] 刘极峰,丁继斌. 机器人技术基础[M]. 2 版. 北京: 高等教育出版社,2012.

[17] 陈雯柏,刘学君,吴培良. 智能机器人原理与应用[M]. 北京: 清华大学出版社,2024.

[18] 丁晟辉. 地面多移动机器人协同避障与路径规划技术[D]. 南京: 南京航空航天大学,2019.

[19] 陶恒铭. 六自由度工业机器人运动分析与控制技术的研究[D]. 合肥: 合肥工业大学,2014.

[20] 熊楚良. 工业机器人若干关键技术研究[D]. 成都: 西南交通大学,2016.

[21] 周志红. 四关节机器人伺服控制系统的研制[D]. 长沙: 中南大学,2004.

[22] 何平,金明河,刘宏,等. 机器人多指灵巧手基关节力矩/位置控制系统的研究[J]. 机器人,2002,24(4): 314-318.

[23] 雷勇,徐礼钜,吴江. 基于 BP 神经网络冗余度 TT-VGT 机器人力/位置混合控制[J]. 仪器仪表学报,2003(4): 438-440.

[24] 韩建达，谈大龙，蒋新松．直接驱动机器人关节加速度反馈解耦控制[J]．自动化学报，2000，26(3)：289-295.

[25] 蔡自兴．智能控制及移动机器人研究进展[J]．中南大学学报(自然科学版)，2005，36(5)：721-726.